"十四五"职业教育国家规划教材

"十三五"职业教育国家规划教材

制冷与空调技术专业教学资源库建设项目系列教材

制冷装置电气与控制技术

主　编　何钦波
副主编　郑兆志
参　编　黎绵昌
主　审　陈粟宋

机械工业出版社

本书是"十四五"职业教育国家规划教材。本书是基于国家级职业教育专业教学资源库项目——制冷与空调技术专业教学资源库开发的纸数一体化教材。该项目由顺德职业技术学院和黄冈职业技术学院牵头建设，集合了国内20余家职业院校和几十家制冷企业，旨在为国内制冷与空调技术专业教育建设最优质的教学资源。

本书针对制冷与空调类专业职业教育的特点，以培养学生制冷装置电气控制技术应用能力为目的，对典型制冷产品的电气控制系统进行提炼，按照电气控制系统结构的三级构成进行课程内容和层次安排。本书共分三个项目，主要内容包括常用制冷装置电气执行机构应用、触点式控制器与传感控制器应用和典型家用空调器电气控制系统检修。

本书可作为职业院校制冷与空调类专业的教材，也可作为相关技术人员及广大社会从业人员的业务参考书及岗位培训教材。

本书通过二维码技术提供了丰富的教学素材。为便于教学，本书配套有课程标准、电子教案、电子课件、电子图片、教学视频、微课、动画、习题库及答案等教学资源，选择本书作为教材的教师可登录 zl.sdpt.edu.cn 网站，注册并使用。

图书在版编目（CIP）数据

制冷装置电气与控制技术/何钦波主编. —北京：机械工业出版社，2019.3（2025.1重印）

制冷与空调技术专业教学资源库建设项目系列教材

ISBN 978-7-111-62044-0

Ⅰ.①制… Ⅱ.①何… Ⅲ.①制冷装置-电气控制系统-职业教育-教材 Ⅳ.①TB657

中国版本图书馆 CIP 数据核字（2019）第 031668 号

机械工业出版社（北京市百万庄大街 22 号　邮政编码 100037）
策划编辑：齐志刚　责任编辑：王莉娜
责任校对：梁　静　封面设计：张　静
责任印制：张　博
北京建宏印刷有限公司印刷
2025 年 1 月第 1 版第 8 次印刷
184mm×260mm·8.75 印张·211 千字
标准书号：ISBN 978-7-111-62044-0
定价：29.80 元

电话服务　　　　　　　　网络服务
客服电话：010-88361066　机　工　官　网：www.cmpbook.com
　　　　　010-88379833　机　工　官　博：weibo.com/cmp1952
　　　　　010-68326294　金　书　网：www.golden-book.com
封底无防伪标均为盗版　　机工教育服务网：www.cmpedu.com

关于"十四五"职业教育
国家规划教材的出版说明

为贯彻落实《中共中央关于认真学习宣传贯彻党的二十大精神的决定》《习近平新时代中国特色社会主义思想进课程教材指南》《职业院校教材管理办法》等文件精神，机械工业出版社与教材编写团队一道，认真执行思政内容进教材、进课堂、进头脑要求，尊重教育规律，遵循学科特点，对教材内容进行了更新，着力落实以下要求：

1. 提升教材铸魂育人功能，培育、践行社会主义核心价值观，教育引导学生树立共产主义远大理想和中国特色社会主义共同理想，坚定"四个自信"，厚植爱国主义情怀，把爱国情、强国志、报国行自觉融入建设社会主义现代化强国、实现中华民族伟大复兴的奋斗之中。同时，弘扬中华优秀传统文化，深入开展宪法法治教育。

2. 注重科学思维方法训练和科学伦理教育，培养学生探索未知、追求真理、勇攀科学高峰的责任感和使命感；强化学生工程伦理教育，培养学生精益求精的大国工匠精神，激发学生科技报国的家国情怀和使命担当。加快构建中国特色哲学社会科学学科体系、学术体系、话语体系。帮助学生了解相关专业和行业领域的国家战略、法律法规和相关政策，引导学生深入社会实践、关注现实问题，培育学生经世济民、诚信服务、德法兼修的职业素养。

3. 教育引导学生深刻理解并自觉实践各行业的职业精神、职业规范，增强职业责任感，培养遵纪守法、爱岗敬业、无私奉献、诚实守信、公道办事、开拓创新的职业品格和行为习惯。

在此基础上，及时更新教材知识内容，体现产业发展的新技术、新工艺、新规范、新标准。加强教材数字化建设，丰富配套资源，形成可听、可视、可练、可互动的融媒体教材。

教材建设需要各方的共同努力，也欢迎相关教材使用院校的师生及时反馈意见和建议，我们将认真组织力量进行研究，在后续重印及再版时吸纳改进，不断推动高质量教材出版。

机械工业出版社

前　言

本书是基于国家级职业教育专业教学资源库项目——制冷与空调技术专业教学资源库开发的纸数一体化教材。该项目由顺德职业技术学院和黄冈职业技术学院牵头建设，集合了国内20余家职业院校和几十家制冷企业，旨在为国内制冷与空调技术专业教育建设最优质的教学资源。

在制作优质教学素材资源的基础上，该项目构建了12门制冷专业核心课程，本书就是基于素材和课程建设，以纸质和网络数字化多种方式呈现的一体化教材。纸质版教材和网络课程以及数字化教材配合使用：纸质版教材更多地是对课程大纲和主要内容的条理化呈现和说明，更多详细内容将以二维码的方式指向网络课程相关内容；网络课程的结构和内容与纸质版教材保持一致，但内容更为丰富、素材呈现形式更为多样，更多地以动画、视频等动态资源辅助完成对教材内容的介绍；数字化教材则以电子书的方式对网络课程内容和纸质教材内容进行了整合，真正做到了文字、动画、视频以及其他网络资源的优化组合。

本书主要包括常用制冷装置电气执行机构应用、触点式控制器与传感控制器应用和典型家用空调器电气控制系统检修三部分内容。在知识掌握方面，旨在使学生熟悉各类常用制冷装置电气控制系统的整体控制机理，对电控系统中电气执行机构和触点式控制器的控制特点、应用场合、作用等有深刻认识，能够分析电路板电路控制原理；在技能方面，旨在使学生熟练使用相关工具仪表和仪器对整个电控系统进行快速故障诊断和维修，并兼备检测能力和一般家电维修能力。党的二十大报告指出，"推进教育数字化，建设全民终身学习的学习型社会、学习型大国。"为响应二十大精神，本书制作了动画、视频等数字资源，并建设了在线课程。本书编写过程中力求体现以下特色：

（1）融入课程思政，注重工匠精神培育　每个项目结尾设有课程思政栏目，培养学生的爱国精神、工匠精神，全方位提升学生的政治素养。

（2）执行新标准　本书依据最新教学标准和课程大纲要求编写而成，结合当前我国制冷与空调类专业的发展及行业对高职高专人才的实际要求，对接职业标准和岗位需求，以《国家职业技能鉴定标准》制冷工等典型岗位工种的职业技能标准为依据，以学生的职业能力培养为核心，对典型制冷产品的电气控制系统进行提炼，按照电气控制系统结构的三级构成进行课程内容和层次安排。

（3）体现新模式　本书依托职业教育制冷与空调技术专业国家教学资源库平台，借助现代信息技术，融合多种教学资源，并以数字化的形式呈现，利于教师和学生充分利用现代科技手段进行更加灵活的教与学，满足教育市场需求，提高教学、学习质量。

（4）配套资源丰富　本书配套数字课程网站，配套有课程标准、电子教案、电子课件、电子图片、教学视频、微课、动画、习题库及答案等多形态、多用途、多层次的丰富的教学资源，信息量大，适用面宽，供访问者学习和使用。

（5）职业教育特色鲜明　本书以现代职业教育理念进行资源开发，兼顾学生终生发展和职业岗位迁移能力的培养，任务按实际工作步骤进行设计，充分融入了六步教学法，又根据具体任务有所变通。任务设计充分体现了学生的自主性、趣味性，并旨在提高学生"能说""会写""知做"三个方面的能力。内容的设计充分体现了提高学习能力和社交能力并带动专业能力的提升的教学理念。

本书内容编写上遵循"突出技能、重在应用、图解分析、直观易学"的原则，按照制冷与空调设备电气控制系统的结构以及通用性、专用性、模块化、重要性、难易程度进行内容编排。本书共有三个项目，从控制系统第一级（执行级）——电气执行机构应用，到控制系统第二级（转换级）——触点式控制器及传感控制器应用，再以家用空调典型制冷产品为对象，以图解的形式对控制系统第三级（控制级）——电路板的控制机理、控制原理、可能的故障及检修方法进行讲解。同时，对制冷装置电气常用、通用及专用的电子元器件和集成块进行梳理，以二维码的形式供扫描学习。

本书由顺德职业技术学院何钦波主编。具体编写分工如下：顺德职业技术学院黎绵昌编写项目一，何钦波编写项目二，顺德职业技术学院郑兆志编写项目三，插图由王斯焱、李东洺等制作。全书由顺德职业技术学院陈粟宋教授主审。

编写过程中得到了美的中央空调事业部、海信科龙冰箱及空调开发中心的大力支持，在此对他们表示衷心的感谢！同时，编写过程中参阅了国内出版的有关教材和资料，在此一并表示衷心的感谢！

本书为国家级精品课程"制冷设备电气与控制系统检修"的配套教材，其相关的教学资源可以在http://218.13.33.159:8000/lms/对应的网络平台上搜到，注册报名后免费使用，同时可以扫下方的二维码安装APP端学习平台，找到本课程对应的学习和教学界面进行学习。

鉴于编者水平有限，书中难免有不妥之处，恳请广大读者批评指正。

编　者

目 录

前言
项目一 常用制冷装置电气执行机构应用 1
 任务一 制冷装置电气执行机构辨识 1
 思考与练习 5
 任务二 压缩机应用 5
 思考与练习 13
 任务三 空调电动机应用 14
 思考与练习 21
 任务四 四通阀应用 22
 思考与练习 25
 任务五 电子膨胀阀应用 26
 思考与练习 29
 任务六 电磁阀应用 29
 思考与练习 35
 任务七 其他电气执行机构应用 35
 思考与练习 41
 素养提升 41

项目二 触点式控制器与传感控制器应用 42
 任务一 交流接触器应用 42
 思考与练习 48
 任务二 继电器应用 48
 思考与练习 61
 任务三 压力控制器应用 61
 思考与练习 66
 任务四 油压差控制器应用 67
 拓展任务一 冷库电控柜接线 72
 拓展任务二 中央空调电控柜接线 72
 思考与练习 75
 任务五 温度传感控制器应用 75
 思考与练习 84
 任务六 湿度传感控制器应用 84
 思考与练习 91
 任务七 水流开关应用 91
 思考与练习 95
 任务八 除霜计时器应用 95
 思考与练习 99
 素养提升 100

项目三 典型家用空调器电气控制系统检修 101
 任务一 家用空调电气控制系统机理辨析与检修 101
 思考与练习 106
 任务二 微处理器控制电路板故障诊断与检修 106
 思考与练习 122
 拓展任务 仿真空调电气控制系统搭建 123
 拓展知识 变频空调电气技术 124
 素养提升 131

参考文献 132

项目一
常用制冷装置电气执行机构应用

❄ **学习目标**

电气执行机构是制冷装置控制系统的重要组成部分，它们是制冷装置最终实现制冷、制热及其他功能的直接参与者，也称电气控制系统的终端。通过对常用电气执行机构的综合知识进行学习和任务训练，熟悉其结构特点、工作原理、应用场合等知识，并获得拆接线、测量和故障检修等方面的技能。

❄ **工作任务**

对中央空调、多联机、风管机、热水机、家用柜式空调等制冷装置的电气控制系统进行现场操作，分别就各类电气执行机构进行辨识，分析其结构特点、作用、工作原理、应用场合等，现场对执行机构进行连线拆装、电阻参数测量、故障检修等训练。

任务一 制冷装置电气执行机构辨识

任务描述

针对交流变频多联机、数码涡旋多联机、冷库、热泵热水机、家用空调、电冰箱等制冷装置，找出其对应的电气执行机构，记录其名称、应用场合、工作原理与作用以及常见故障、检测方法，并画出图形符号。

所需工具、仪器及设备

交流变频多联机、数码涡旋多联机、冷库、热泵热水机、家用空调、电冰箱、十字螺钉旋具、一字螺钉旋具。

知识目标

➤ 能描述电气执行机构的定义。
➤ 能描述制冷设备电气控制系统的定义。
➤ 能描述各类电气执行机构的名称和作用。

> 能描述常见制冷设备电气控制系统的结构组成。

技能目标

> 能画出各种电气执行机构的图形符号。
> 能指出各种电气执行机构的安装位置。

知识准备

一、制冷设备电气控制系统及结构组成

1. 电气执行机构的定义

所谓电气执行机构，是指接收控制电路指令、执行最后一级机械动作的电气机构，包括：转动、打开/关闭、换向等用于直接改变传热介质（制冷剂、载冷剂、空气或水）的热力和流动状态，达到直接参与制冷的目的的设备，如压缩机、风机、水泵、各类电动阀等；或者虽然不产生动作但直接参与冷却介质（空气和水）处理的电气装置，如离子发生器、照明设备、电加热装置等。

2. 制冷设备电气控制系统的定义

制冷设备是由制冷系统、空气循环系统和控制系统三个部分组合而成的（有些制冷设备还包括冷冻/冷却水系统），一般又将空气循环系统归入电气控制系统中。

电气控制系统也称为电气设备二次控制回路，为了保证电气执行机构（一次设备）运行的可靠与安全，需要许多由辅助电器部件、电子元器件甚至电路板等组成的二次电路为之服务，实现设备的多种自动控制功能，保证设备自动、安全、可靠、高效地运行。电气控制系统由执行机构主电路、控制电路两部分构成。

3. 常见制冷设备电气控制系统的结构组成

电气控制系统一般由电气执行机构、触点式控制器及触点式传感控制器、电路板三部分组成。其中，电气执行机构组成主电路，触点式控制器及触点式传感控制器与电路板组成控制电路。因此，可以将电气控制系统分成三级：第一级（终端）——电气执行机构；第二级（中间转换部分）——触点式控制器及触点式传感控制器；第三级（中枢）——微电子微机控制电路板。

制冷设备电气控制系统有三种类型：机械控制系统、微电子控制系统、微电子微处理器控制系统。其中，机械控制系统的控制特点是由各种触点开、闭的机械式动作来完成对电气执行机构的控制，由电气执行机构、触点式控制器及触点式传感控制器两级组成，如机械控制电冰箱、机械控制小型冷库、中央空调等。微电子控制系统由三级组成，其与微电子微处理器控制系统的主要区别是：电路板没有可编程序的芯片。

电气控制系统的控制顺序可以概括为：电路板输出驱动信号（用户设定的运行参数+传感器采集各类温度、压力、水流、湿度等参数，进行综合运势分析）→触点式控制器（继电器、接触器等）动作→执行机构运行（实现设定的功能）。

二、电气控制系统三级结构功能说明

1. 第一级（终端）——电气执行机构

电气执行机构主要实现两种功能：一是改变制冷剂的热力状态，从制冷系统的内部实现

制冷、制热的功能，如压缩机、电磁阀、电子膨胀阀、四通阀、电子热力膨胀阀、旁通电磁阀等，直接与制冷管道连接，并改变制冷剂热力状态；二是改变空气或水的温度、流速、流量及洁净度，从制冷系统的外部将冷或热传递出去，如风机、水泵、温水阀、风摆电动机、辅助电加热器、除霜电加热器等执行机构用于将空气或水与制冷系统进行冷、热量交换，而加湿器、负离子发生器、光波消毒器、照明灯则用于对空气或水进行洁净处理。制冷设备中的电气执行机构几乎是电能的全部消耗者。

2. 第二级（中间转换部分）——触点式控制器及触点式传感控制器

交流接触器、热继电器、时间继电器等触点式控制器，通过触点的机械动作，直接控制执行机构的电源通断，通常情况下分为两个步骤：第一步是电路板上的弱电驱动信号借助继电器转换为强电控制信号，起到弱电控制强电的作用；第二步是被控制的强电信号再控制交流接触器等的主触点通断，进而控制电气执行机构的运行。也有部分情况是继电器直接驱动小功率电气执行机构。

温控器、油压差控制器、水压差控制器、压力开关、水位开关等触点式传感控制器与触点式控制器不尽相同，它们也通过触点的机械动作工作，但首先是对温度、压力、水流、湿度等物理参数进行探测，感受量的变化，通过触点开闭的方式直接控制电气执行机构运行，或者将传感信号以电量（电位量或高低电平）的方式传递给电路板，间接控制制冷设备的运行。

3. 第三级（中枢）——微电子微处理器控制电路板

电路板由微电子微处理器组成，是控制系统的源头，具有对传感器送来的参数、通信参数、反馈参数和各种安全设置参数进行存储、逻辑运算分析、传输等，同时输出各种相应的弱电驱动信号，实现制冷设备各个电气执行机构的安全、高效、自动运行的功能。

电子式传感器如温度探头、湿度器、压力传感器等，没有机械动作式触点，而是将物理量转换为电位的变化，直接输送给电路板，通常情况下也将其归为这一级。

1-1 各类制冷设备常见电气执行机构

三、各类制冷设备中常见的电气执行机构

家用空调、多联空调机、大型中央空调、热泵热水机、冷库、电冰箱等常见电气执行机构介绍可通过扫描二维码1-1自行学习。

1. 家用空调电气执行机构

家用空调所使用的电气执行机构包括压缩机、室内外风机、四通阀、电子膨胀阀、风向电动机、电加热器、负离子发生器等。

2. 多联空调机的主要电气执行机构

多联空调机所使用的电气执行机构包括压缩机、室内外风机、室内机风向电动机、各类电加热器、电子膨胀阀、电磁阀、四通阀、室内机冷凝水排水泵等。

3. 大型中央空调的主要电气执行机构

大型中央空调所使用的电气执行机构包括压缩机、各类风机、各类电加热器、各类水泵、电磁阀、风门电动机、比例积分阀、水压差开关、加湿装置等。

4. 热泵热水机的主要电气执行机构

热泵热水机使用的电气执行机构包括压缩机、风机、电子膨胀阀、冷媒加热器、化霜加

热器、电磁阀、水泵、温水阀、四通阀等。

5. 冷库的主要电气执行机构

冷库使用的电气执行机构包括压缩机、室外冷凝风机、室内冷风机、风机、化霜加热丝、电磁阀等。

6. 电冰箱的主要电气执行机构

电冰箱使用的电气执行机构包括压缩机、电磁阀、风机、除霜加热器、照明设备、空气净化除臭器等。

任务实施

步骤	实施内容
1	分组辨识:将学生分成6个活动小组,各组选出一个组长。6个小组分别对应6种制冷设备:交流变频多联机、数码涡旋多联机、冷库、热泵热水器、家用空调、电冰箱,对其电气执行机构进行辨识
2	阅读课文:阅读任务一的相关内容,以便对接下来的执行机构的辨识、海报制作和个人陈述提供帮助
3	小组成员观察上述制冷装置、独立完成作业:每个学生在自己的练习本上记录你所观察的电气执行机构的名称和应用场合、工作原理和作用、常见故障、检测方法,并画出图形符号

检测与评价

1. 小组讨论

组长召集小组成员讨论,交换意见,对任务实施中的步骤3形成初步结论。

2. 制作海报

使用课堂提供的制作工具制作一张海报,要求标注组号和任务名称,分别画出电气执行机构的图形或符号,写出电气执行机构的名称和应用场合、工作原理和作用、常见故障。

3. 海报张贴

将海报张贴在实训室的移动展示板上。

4. 海报观摩

各位学生分别观摩自己和其他组的海报,将其他组的海报内容和表现形式上的优点,以及存在的问题记录在练习本上。

5. 小组代表陈述

每组推举4位组员,完成工作任务的分项陈述——名称和应用场合、工作原理和作用、常见故障、检测方法。要求脱稿陈述,不足之处其他组员可以补充。

6. 其他小组不同看法

每组陈述完后,其他组对陈述组的结论进行纠正或补充,注意:不是争论,而是提出不同的看法。

7. 老师点评及评优

老师指出各组的优缺点,根据海报完成情况以及学生完成任务的认真度,将分数填入表1-1中。

8. 任务训练说明

综合训练以游戏的方式进行设计,旨在增加学生的学习积极性和兴趣,其目的是训练高职学生的应用能力:能说、会写、知做。

表 1-1　任务考核评分标准

组长：　　　　　　组员：

序号	评价项目	具体内容	分值	小组自评（30%）	小组互评（30%）	老师评价（40%）	平均分
1	职业素养	细致和耐心的工作习惯较强的逻辑思维、分析判断能力	5				
		吃苦耐劳、诚实守信的职业道德和团队合作精神	5				
		新知识、新技能的学习能力、信息获取能力和创新能力	5				
2	工具操作	用螺钉旋具正确拆卸制冷装置部件	15				
3	电气执行机构识别	正确找出相应制冷装置的电气执行机构	25				
4	总结汇报	海报制作工整、详实、美观	15				
		陈述清楚、流利	15				
		演示操作到位	15				
5		总计	100				

综合训练的设计必须注重方法能力的训练，方法能力是最重要的一种能力，提高方法能力和社会能力的同时，专业能力就会得到提高。

社会能力包括沟通、协调、合作、适应环境等，社会能力不全是在社会上才能获得，课堂上的这种设计方式的综合训练同样可以锻炼社会能力。

综合训练课堂的设计非常重要，同样重要的是训练过程的掌控，必须严格掌控每个环节的时间。

有些综合训练并不要求正确答案，每个学生可以按照自己的理解作答，主要是训练上述所说的几种能力。工作过程中的任何问题可以问老师，老师起解答、监控、指导等作用。

思考与练习

1. 何为电气执行机构？有什么特点？
2. 请叙述常见制冷装置电气控制系统的结构组成。
3. 多联空调机、电冰箱、冷库系统中使用的电气执行机构有哪些？各有什么作用？

任务二　压缩机应用

任务描述

1) 用万用表测单相压缩机（空调、电冰箱）各绕组电阻值（区分 C、S、R 端）并做好记录；根据三绕组间的阻值关系对压缩机进行接线训练。

2) 用万用表测 5 匹、10 匹三相压缩机各绕组电阻值，并做好记录；参照电路接线图对三相压缩机进行接线。

3) 用绝缘电阻表测量各压缩机的绝缘电阻。

4) 检测压缩机起动电容及过载保护器，判断好坏，并做好记录；分析单相压缩机为何要电容辅助起动，而三相压缩机则不需要。

所需工具、仪器及设备

十字螺钉旋具、一字螺钉旋具、万用表、绝缘电阻表、1匹压缩机、5匹压缩机、10匹压缩机。

知识目标

➢ 能描述压缩机的种类及其特点。
➢ 能描述压缩机的作用及工作原理。
➢ 能描述压缩机常见故障。

技能目标

➢ 会用万用表测电阻。
➢ 会用绝缘电阻表测绝缘电阻。
➢ 能对压缩机进行接线。
➢ 能判断压缩机故障原因。

知识准备

压缩机是蒸气压缩式制冷系统主要的电气执行机构部件，是制冷系统四大部件之一，其在空调设备中的作用等同于人的心脏。随着制冷技术的不断发展和空调设备多样性的要求，压缩机的种类也越来越丰富。

一、制冷压缩机的分类

（1）按结构形式分类　小型空调设备使用的压缩机有涡旋式、旋转式、活塞式；中大型空调设备使用的压缩机有涡旋式、活塞式、螺杆式、离心式。其中螺杆式压缩机又分为单螺杆和双螺杆两种，活塞式压缩机也分为滑管式（小型）和曲轴（曲拐）式两种。

（2）按能量调节的方式分类　分为变频压缩机（交流变频压缩机和直流变频压缩机）、普通（定频）压缩机、变容压缩机。

（3）按整体结构形式分类　分为开启式压缩机：压缩机和电动机各自独立，用带轮连接，现在已经不多见；半封闭式压缩机：压缩机和电动机装在一个机体内，但可以看到压缩机的缸头，如冷库、中央空调所使用的活塞半封闭式压缩机等；全封闭式压缩机：压缩机和电动机封装在一个壳体内，外部只有进、排气接口和接线柱，如空调器、电冰箱所使用的压缩机。

二、各类压缩机的特点与应用场合

在家用空调器中，小型分体壁挂式空调器和窗式空调器一般使用旋转式压缩机，3匹及以上的落地柜式空调器和其他形式的空调器一般使用活塞式和涡旋式压缩机。随着制冷模块技术的发展和涡旋式压缩机制冷能力的增强，涡旋式压缩机也正在越来越多地被用在中型制冷设备中。

变频压缩机通过外部的电器控制系统，对电源的频率和电压进行调节，并通过特制的压缩机实现对速度的连续无级调节，从而控制能量的大小；普通定频压缩机不能对制冷量进行调节，空调冷量的调节是通过间歇停止压缩机并改变风机的转速实现的；变容压缩机一般通过其自身的机械调节机构实现对能量的调节，如螺杆压缩机的滑阀调节机构、离心式压缩机的回气装置或吸气调节装置、活塞式压缩机的高低压旁通装置等。

家用空调设备一般使用全封闭式压缩机，中大型空调设备多以半封闭式压缩机为主，汽车空调压缩机则为全开启式。目前的户式中央空调也都使用涡旋式和全封闭活塞式压缩机。

常用压缩机的结构如图 1-1~图 1-3 所示，各类小型制冷压缩机的性能特点与应用比较见表 1-2。

表 1-2　各类小型制冷压缩机的性能特点与应用比较

比较内容	活塞式压缩机	转子式压缩机	涡旋式压缩机
吸气方式	吸入机壳内	吸入气缸中	吸入涡室中
压缩机外壳温度	较低	较高	较高
内部支撑	悬挂弹簧式（小型机）	机壳固定支撑	机壳固定支撑
散热情况	向外界散热少	向外界散热多	向外界散热多
排气温度	130℃以下	120℃以下	110℃以下
能效比	较低	中等	较高
振动与噪声	较大	较小	最小
容积效率	较低	较高	最高
容液能力	很强	很弱	较强
是否配置储液罐	不需要	需要	不需要
加工精度	一般	较高	非常高
开启式	可以	可以	可以
半封闭式	可以	不可以	不可以
全封闭式	可以	可以	可以
机种	很丰富	不丰富	较丰富
适合大型	不太适合	不适合	不适合
适合小型	很适合	很适合	很适合
适合低温	适合	不太适合	适合

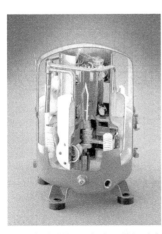

图 1-1　往复全封闭活塞式压缩机内部结构

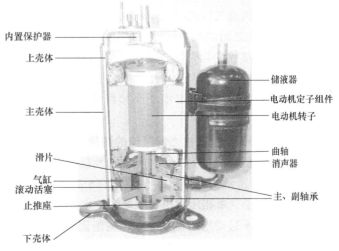

图 1-2　旋转式压缩机的内部结构

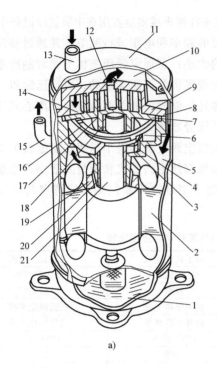 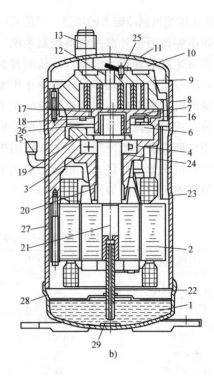

a)　　　　　　　　　　　　　　　b)

图 1-3　涡旋式压缩机结构示意图

a）立体剖视图　b）主剖视图

1—储油槽　2—电动机定子　3—主轴承　4—支架　5—壳体腔　6—背压腔　7—动涡盘　8—气道
9—静涡盘　10—高压缓冲腔（壳体腔）　11—封头　12—排气孔口　13—吸气管　14—吸气腔　15—排气管
16—十字环　17—背压孔　18、20—轴承　19—大平衡块　21—主轴　22—吸油管
23—壳体　24—轴向挡圈　25—止回阀　26—偏心调节块　27—电动机螺钉　28—底座　29—磁环

三、压缩机检测

测量压缩机接线柱之间的阻值是检测压缩机好坏的最基本的一步，下面介绍其检测方法。进行压缩机电气检测一般是测量其电动机绕组的阻值（即各个接线柱之间的阻值）。全封闭式压缩机的接线端子也称接线柱，接线柱与壳体之间绝缘层采用玻璃或陶瓷烧结而成，如图 1-4 所示。接线柱端子一般为 3 个，也有采用 5 个接线柱的压缩机，其中 2 个接线柱内部有内埋式过热保护器。

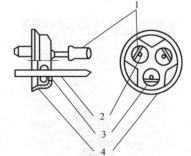

1. 单相压缩机接线柱之间阻值的测量

单相压缩机接线柱为 3 个，上面分别标有 R、S、C 字样，如图 1-5a 所示。R 表示运转端子，S 表示起动端子，C 表示公共端子。单相压缩机 3 个接线柱之间的阻值关系：公共绕组阻值 = 起动绕组阻值 + 运转绕组阻值。由于单相压缩机电动机起动绕组线圈线径细、匝数多，所以电阻值大，功率小；而运转绕组线圈线径

图 1-4　压缩机接线柱

1—插头　2—接线柱　3—玻璃　4—罩子

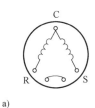 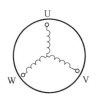 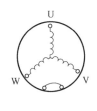

图 1-5 压缩机接线端子分布

a）单相压缩机 b）三相压缩机

粗、匝数少，故电阻值小，功率大。测量单相压缩机绕组阻值时，用万用表 R×1 档把压缩机 3 个接线柱之间的阻值各测一遍，测得两个接线柱之间阻值最大时，所对应的另一个没有测量的接线柱即为公共端子，然后以公共端子为依据，分别测量另外两个接线柱，电阻值小的为运行端子，电阻值大的为起动端子。也有一些单相空调用压缩机，其运行绕组与起动绕组的阻值相同，只能靠其标注的 R、S、C 来判断。

2. 三相压缩机接线柱之间阻值的测量

三相压缩机也有 3 个接线柱，分别标有 U、V、W 字样，如图 1-5b 所示。其 3 个接线柱之间的阻值基本相同，但也有个别压缩机绕组之间的阻值不同。检测时，一般可用万用表 R×1 档测量，通常压缩机功率大，电阻值就小；功率小，电阻值就大。对功率较大的压缩机，可用电桥进行测量。

四、压缩机接线

1. 单相压缩机接线原理

单相压缩机的起动方式有多种，小型空调机的封闭式压缩机，普遍使用电容运转式起动方式。电容运转式电动机是在起动或运转中，把相同容量的电容器串联到起动绕组（辅助绕组）回路上，其结构是从电容起动式电动机上去掉了起动电容器和起动继电器，接上能连续使用的电容器。电容运转式起动方式可在额定工况下连续工作的电动机上应用，其连接方式如图 1-6 所示。

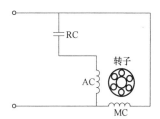

图 1-6 单相压缩机接线示意图

RC—运行电容 AC—起动绕组
MC—运行绕组

电容运转式电动机比电容起动式电动机更加优越，因为电容运转式电动机相对转矩大，功率因数高，电动机效率也较高。使用单相压缩机的空调机都采用电容运转式电动机，而电冰箱则因功率较小，多半只用电容起动式电动机。

2. 三相压缩机接线原理

压缩机中使用三相电源，有以下三种接线方式。

（1）全压直接起动方式接线 用交流接触器或断路器将三相电源直接接入电动机起动运行，如图 1-7a 所示。普通三相电动机直接起动时，其起动电流为额定电流的 5~6 倍，将引起电网电压下降，会对其他运转机器产生不良影响，因此对这种电动机要求起动加速转矩大，能在短时间内起动完毕，并进入稳定运转状态。功率为 10kW 以下的电动机可使用直接起动方式运行。

（2）Y-△降压起动方式接线 在额定输出功率为 10kW 以上的特殊笼型 380V 电动机中，

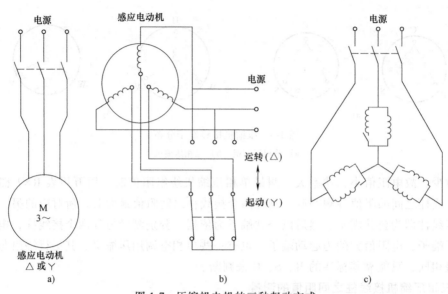

图 1-7 压缩机电机的三种起动方式
a）全压直接起动 b）Y-△降压起动 c）抽头降功率起动

可装设Y-△起动器、起动补偿器、起动电抗器等。Y-△降压起动方式是在起动时，定子绕组呈Y联结接到电源上，如图 1-7b 所示，充分加速后，切换成△联结，以完成起动。Y-△降压起动时的电压为电源电压的 $\frac{1}{\sqrt{3}}$，起动转矩减小到全压直接起动转矩的 $\frac{1}{3}$。因其起动转矩大幅度减小，故在低负载压缩机和有卸载机构的压缩机中使用。

(3) 抽头降功率起动方式接线 这种起动方式是把电动机的一次绕组作为并联回路，如图 1-7c 所示，起动时使用其中的一半线圈进行起动，转入全速后，再投入剩余的线圈。这种起动方式只需要一个开关即可，且不须进行Y-△降压起动的那种切换操作。

五、空调压缩机接线典型实例

图 1-8 所示为 220V 单相空调器接线图，在压缩机接线部分中，电容为起动兼运行电容，相线一路直接接运行绕组

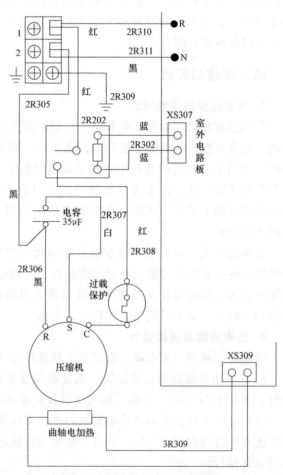

图 1-8 空调器（单相）接线图

R端，另一路通过电容后接S端，之后经公共端C回零。

图1-9所示为380V三相空调器接线图，在压缩机接线部分中，已经没有电容了，通过交流接触器控制，直接与压缩机的T、S、R接线端子连接，这时三相接线的顺序有讲究，要严格按厂家的接线要求接线。通常其电控系统中设有相序保护装置，以防止压缩机反转。

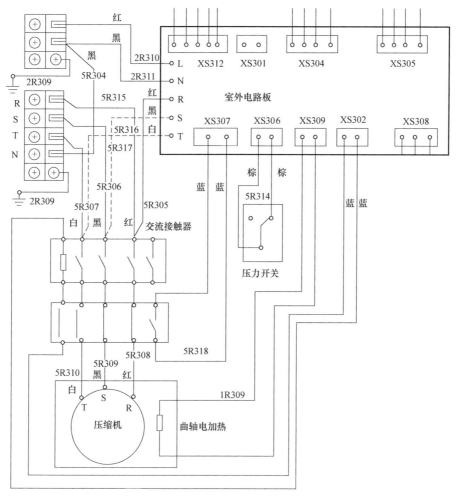

图1-9 空调器（三相）接线图

六、压缩机常见电气故障与检测

1. 压缩机的检测

（1）电气部分的检测

1）压缩机绝缘电阻测试。

2）压缩机保护器动作测试。

3）压缩机接线顺序确认。

4）绕组电阻测试。

（2）电压条件的检测 在安装新压缩机或空调器时，须预先检测是否有低电压现象。在压缩机起动时，即C-R电路之间负载最大时，必须有正常的电压值。如果不能接近压缩机的端子,可以选择靠得最近的点进行测量,正常电压值=额定电压×(1±10%)。

(3) 运转电容器的检测 在已经运行一段时间的使用单相压缩机的制冷设备电路中,运转电容器是与起动绕组串联的。压缩机起动电容故障比较常见,包括击穿断路、由于漏电导致的电容值下降(俗称电容失效)等,导致压缩机不转(电容断路)或间歇性运转(失效导致电动机过热保护)。电容器的检测项目如下:

1) 绝缘电阻检测。
2) 短路、开路试验。
3) 电容值测量。
4) 电容的充放电试验。

2. 压缩机常见电气故障及原因

压缩机常见的电气故障(压缩机不起动)及可能原因见表1-3。

表1-3 压缩机常见的电气故障(压缩机不起动)及可能原因

故障产生部位	产生故障的可能原因
电源	1. 电源开关没接通 2. 熔丝熔断 3. 电压过低
接线	接线不良或线断了
控制装置	1. 温度调节器动作 2. 保护装置(排气温度、高低压压力开关)动作 3. 三相电源断相 4. 三相电源反相
压缩机	1. 内部温控器动作 2. 电动机烧坏(线圈断线或者匝间短路)

压缩机接线柱的检测及接线方法可扫描二维码1-2进行学习。

1-2 压缩机接线柱的检测及接线方法

任务实施

步骤	实 施 内 容
1	将学生分成空调组、电冰箱组,完成测试后各组相互调换
2	拆开空调室外机外罩,找到空调压缩机(拆开电冰箱压缩机舱后盖,找到电冰箱压缩机)
3	用万用表进行单相压缩机接线端子判断,用万用表把压缩机3个接线柱之间的阻值各测一遍,测得阻值最大时,所对应的另一个接线柱即为公共端子,然后以公共端子为基点,分别测另外两个接线柱,电阻值小的为运行端子,电阻值大的为起动端子
4	接线端子判别完以后,对压缩机进行接线,白色电源线接起动端,红色电源线接运行端,黑色电源线接公共端
5	用万用表测5匹、10匹三相压缩机各绕组阻值,并做好记录;参照电路接线图对三相压缩机进行接线

检测与评价

1. 小组讨论
组长召集小组成员讨论,交换意见,形成初步结论。

2. 制作并张贴海报
1)列出压缩机种类、结构特点与应用场合。
2)画出压缩机典型接线图。
3)写出各绕组的阻值。

3. 小组代表陈述
1)每组推荐3名学生,一名学生陈述:压缩机的种类、应用场合、结构特点以及检测方法,同时另两名学生进行测量演示。要求脱稿陈述,不足之处组员可以补充。
2)其他小组不同看法:每组陈述完后,其他组对陈述组的结论进行纠正或补充。注意:不是争论,而是提出不同的看法。

4. 老师点评及评优
指出各组的训练过程表现、海报完成情况,对本任务进行小组评价,并将分数填入表1-4中。

表 1-4 任务考核评分标准

组长:　　　　　　　组员:

序号	评价项目	具体内容	分值	小组自评(30%)	小组互评(30%)	老师评价(40%)	平均分
1	职业素养	细致和耐心的工作习惯 较强的逻辑思维、分析判断能力	5				
		吃苦耐劳、诚实守信的职业道德和团队合作精神	5				
		新知识、新技能的学习能力、信息获取能力和创新能力	5				
2	工具使用	正确使用万用表	15				
3	接线柱识别	用万用表能正确识别压缩机的3个接线柱	20				
4	压缩机接线	能对空调或电冰箱压缩机进行接线	20				
5	总结汇报	海报制作工整、详实、美观	10				
		陈述清楚、流利	10				
		演示操作到位	10				
6	总计		100				

思考与练习

1. 单相压缩机为何需要电容辅助起动,而三相压缩机则不需要?
2. 如何判断压缩机正反转?
3. 简述压缩机的分类。

4. 压缩机按照所用的电动机，可分为单相压缩机和三相压缩机，请问二者有何区别？

5. 单相压缩机绕组有 3 个端子，分别标示为 R、S、C，请问三者之间存在何种关系？如何分辨 3 个接线柱？

6. 电容起动式电动机与电容运转式电动机有何区别？

7. 压缩机常见的电气故障有哪些？

任务三　空调电动机应用

任务描述

1) 对空调所使用的单相电动机接线端进行测量，做好记录；判断出运行端、起动端和公共端，并对电动机进行接线训练。

2) 对空调所使用的三相电动机接线端进行测量，做好记录；判断电动机好坏，并对电动机进行接线训练。

3) 对机械窗式空调所使用的单相同步电动机接线端进行测量，做好记录；判断电动机好坏，并对电动机进行接线训练。

4) 对分体壁挂式空调所使用的摆风步进电动机接线端进行测量，根据公共端与相线之间阻值的关系进行判别，并做好记录。

所需工具、仪器及设备

十字螺钉旋具、一字螺钉旋具、万用表、尖嘴钳、各类空调电动机。

知识目标

➢ 能描述空调电动机的种类及其特点。

➢ 能描述空调电动机的作用及工作原理。

➢ 能描述空调电动机常见故障。

技能目标

➢ 会用万用表测电压、电阻。

➢ 会用绝缘电阻表测绝缘电阻。

➢ 能对空调电动机进行接线。

➢ 能辨别空调电动机故障原因。

知识准备

一、电动机的分类与应用场合

电动机是空调设备中的重要电气设备之一。空调设备常用电动机的作用主要有：带动风扇旋转，通过空气的强制对流加强换热效果；加强室内冷/热空气的流动；带动风摆以改变冷/热空气的气流方向；用于换新风；用在多联机室内机冷凝水的抽水泵中；用在水冷式中央空调和热泵热水机驱动水泵中。

按电动机的运行原理分类，空调设备所使用的电动机包括三相电动机、单相电动机、同步电动机、直流电动机和步进电动机五种。三相电动机一般用于中央空调、冷库中，用于驱动较大功率的风扇或水泵。单相电动机的容量较小，一般用于家用空调的室内、外风机上，也常用于换新风装置中。同步电动机多用于家用窗机和柜机的风摆中，以改变室内侧冷/热风的气流方向，也用于风冷电冰箱中的冷冻室散冷。直流电动机主要用于直流变频空调室内机风机的调速。步进电动机主要用于分体空调器室内机的风摆驱动。

按速度是否可调，空调用电动机可分为交流变频调速电动机、直流变频调速电动机、定速电动机和变级调速电动机（抽头电动机）。交流变频调速电动机一般用于中央空调的水泵上，直流变频调速电动机用于制冷变频空调的风机。定速电动机一般用于定频空调压缩机及室内外风机。变级调速电动机是通过继电器接通不同匝数的绕组而实现速度的变化的，多用于较大型的空气源热泵空调中，如风冷热泵中央空调、柜机室内风机。

按外壳的封装形式，空调电动机可分为塑封电动机和铁壳电动机。塑封电动机用于分体空调室内风机中。

按输出方式，空调电动机可分为单轴输出电动机和双轴输出电动机。其中双轴输出电动机用于窗式空调器。

二、电动机的结构特点

各类电动机的实物图如图 1-10~图 1-14 所示。这里主要介绍变级调速电动机、步进电动机和同步电动机的结构特点。

（1）变级调速电动机（抽头电动机） 其绕组由主、副、中间绕组构成，通常用中间绕组来改变主、副绕组的有效匝数比，达到调速的目的。图 1-15 所示为变级调速电动机绕组连接示意图，它有 L 形、T 形两种接法。

（2）步进电动机 步进电动机常作为电子膨胀阀或分体空调器室内导风电动机。步进电动机的结构如图 1-16 所示，这是一种四相反应式步进电动机，在图 1-16a 中，定子中每相的 1 对磁极只有 2 个齿，4 对磁极有 8 个齿。图 1-16b 所示为 4 对磁极（四相）步进电动机接线图。转子中有 6 个齿，分别为 0、1、2、3、4、5，当直流电源通过开关 S_A、S_B、S_C、S_D 分别对步进电动机的 A、B、C、D 相绕组轮流供电时，就会使电动机做步进转动。

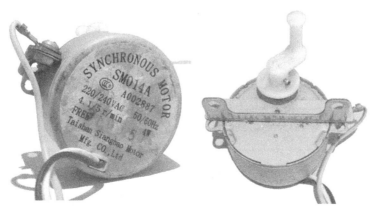

图 1-10 同步电动机

图 1-11 步进电动机

图 1-12 双轴输出电动机

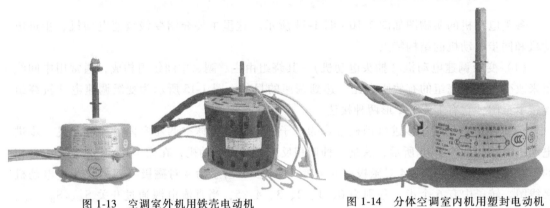

图 1-13 空调室外机用铁壳电动机　　图 1-14 分体空调室内机用塑封电动机

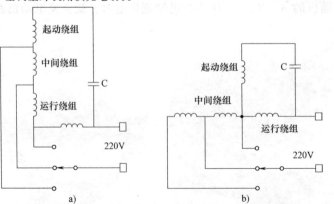

图 1-15 变级调速电动机（抽头电动机）绕组连接示意图
a）L形接法　b）T形接法

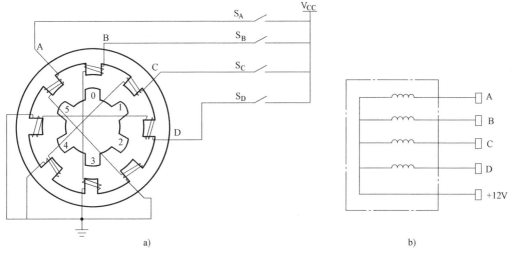

图 1-16 步进电动机的结构
a）步进电动机的结构原理　b）步进电动机接线图

（3）同步电动机　同步电动机具有恒定不变的转速，即转速不随电压与负载大小而变化。小功率同步电动机主要由定子和转子两部分组成。空调器一般采用单相同步电动机，当单相电流通入单相同步电动机绕组时，在定子中就会产生旋转磁场。微型同步电动机的定子与异步电动机的定子结构相同，而转子是永久磁铁。

三、空调电动机常见电气故障

1．电动机绕组断路或短路

断路故障表现为电动机不运转。用万用表电阻档测量，先找出公共端（通常生产厂家在电动机外壳上标有电动机接线图），分别测量其他端子和公共端之间的电阻值。如果为∞，则说明电动机绕组断路。绕组阻值的规律是：运行绕组（主绕组）的阻值小于副绕组的阻值；大功率电动机的阻值小于小功率电动机的阻值；三相电动机三个绕组的阻值相等；同步电动机和步进电动机的阻值比较大，一般为几百欧。短路故障表现为上电跳闸或熔丝烧断，用万用表电阻档测量时，绕组的阻值为零。

（1）脉冲步进电动机绕组检测　脉冲步进电动机正常工作时，公共端与其他 4 根引线之间应有 200~300Ω 的电阻，其相与相引出线之间应有 400~600Ω 的电阻。如测量结果与上述值不符，说明脉冲步进电动机绕组损坏，此时采用更换新件的方法进行维修。步进电动机电压为直流 12V，如步进电路绕组正常，其故障一般为内部齿轮机构损坏。表 1-5 为部分空调使用的步进电动机参数。

表 1-5　步进电动机参数

项　目	质量特性			检测工具或方法
	DGB-02	DGB-08	DGB-05	
绕组电阻	200×(1±7%)Ω	170×(1±7%)Ω	—	万用表电阻档测量
转矩	≥3.5N·cm	≥6N·cm	≥25N·cm	转矩仪测量

(续)

项 目	质量特性			检测工具或方法
	DGB-02	DGB-08	DGB-05	
绝缘电阻	≥100MΩ		≥500MΩ	在绕组对机壳绕组间用绝缘电阻表测量(500V档)
抗电强度	300V 1min 无击穿和闪络		1500V 1min 无击穿闪络	在绕组对机壳绕组间用工频耐压机试验
噪声	≤40dB(A)			耳听对照比较

(2) 同步导风电动机检测　同步导风电动机绕组线径较细，所以电阻值较大，一般为几百欧。其主要故障为绕组断路、短路、内部机械卡死。

2. 电动机漏电

此种故障表现为设备机壳带电。一般情况下，可用万用表电阻档测量电动机机壳与任何端子之间的绝缘电阻，正常时电阻为∞。用此种方法不能判断时，可用绝缘电阻表测量任一绕组和机壳之间的绝缘电阻值，正常情况绝缘电阻值应大于 $2M\Omega$。特殊情况：电动机在冷态时不漏电，但在运转变热时就会因为热绝缘变差而漏电，此种情况需要在热态下检测。

3. 电动机内装过载保护器损坏

此种故障表现为电动机不运转。有些电动机内部装有过载保护器，当电动机过热或运行电流过大时，过载保护器跳开保护。如果出现反复保护，则需要更换电动机。

4. 电动机转速过低

电动机出厂要测量其参数，对转速的容差也做了规定，但个别电动机的速度可能低于下限值。这可能是空调器的控制电路出现了故障。

5. 电动机温度过高

电动机温度过高，时间长了，会使电动机的定子绕组，绝缘损坏，影响电动机的使用寿命。空调器电动机产生这种故障的主要原因是排气压力过高、电动机通风条件差、环境温度太高等。

6. 单相电动机运行电容漏电或失效

电容漏电或失效会造成电容的容量减小或为零，导致电动机不转或过热保护，长时间运转会烧坏电动机。检测时用万用表电阻 R×100k 档测量电容的电阻值，正常时应回摆至接近∞，详见电容检测相关内容。

7. 电动机端子接触不良

小型空调设备的电动机连线为插线端子，步进电动机、同步电动机等为排插，这些端子和排插很容易因接触不良或氧化而增大接触电阻，应仔细检查。

8. 三相电动机的接触器损坏

三相电动机一般由交流接触器控制，如果交流接触器的触点损坏，其三相触点将不能同时闭合，从而导致三相电动机无法起动。

9. 三相电动机反转

三相电动机对外只引出三根电源线，相与相之间的电源电压为380V。当电动机旋转方向与要求的方向不一致时，只需调换一下任意两相的连接线，便可以改变电动机的旋转方向。

四、空调设备电动机接线实例

图 1-17 所示为家用空调器室内风机电动机和风向同步电动机接线图，由图可见，接线全部由排插插接，比较简单方便。一般小型空调设备的微机控制电路系统全部采用这种接线方式。

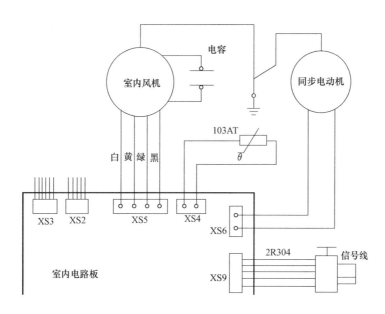

图 1-17 室内风机电动机和风向同步电动机接线图

图 1-18 所示为三相电动机接线原理。从电动机接线柱引出的电线首先要接到交流接触器的三个主触点上。

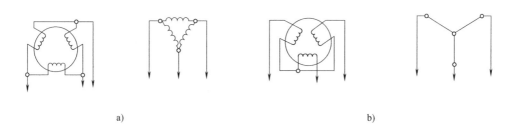

图 1-18 三相电动机接线原理示意图
a) 三角形联结　b) 星形联结

图 1-19 所示为家用空调器室外电动机接线图，采用插线端子和接线柱的方式接线。

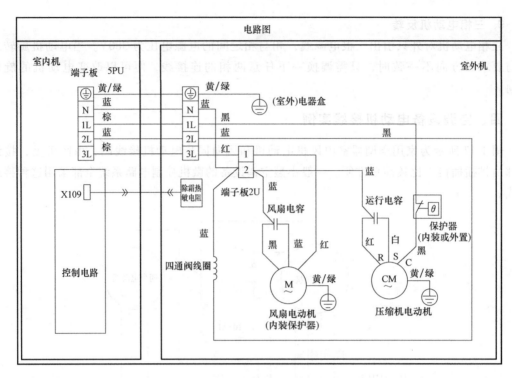

图 1-19 家用空调室外电动机接线图

各类电动机的工作过程及空调室外电动机的接线原理可扫描二维码 1-3 进行学习。

1-3 各类电动机的工作过程及空调室外电动机的接线原理

任务实施

步骤	实施内容
1	将学生分成若干个活动小组,各组选出一个组长
2	小组成员独立熟悉教材:每个学生独立看教材,熟悉压缩机和电动机的有关内容
3	对空调所使用的单相室内风机、室外风机接线端进行测量,做好记录;判断出运行端、起动端和公共端,画出其接线图,并对电动机进行接线训练
4	对空调所使用的三相室内风机、室外风机接线端进行测量,做好记录;判断电动机好坏,画出其接线图,并对电动机进行接线训练
5	对机械窗式空调所使用的单相同步电动机接线端进行测量,做好记录;判断电动机好坏,并对电动机进行接线训练
6	对分体壁挂式空调所使用的摆风步进电动机接线端进行测量,根据公共端与相线之间阻值的关系进行判别,并做好记录

检测与评价

1. 小组讨论
组长召集小组成员讨论，交换意见，形成初步结论。

2. 制作张贴海报
1）列出电动机种类、结构特点与应用场合。
2）画出电动机典型接线图。
3）写出各绕组的阻值，标出变级调速电动机速度档位。

3. 小组代表陈述
1）每组推举3名学生，一名学生陈述：电动机的种类、应用场合、结构特点以及检修方法。同时另两名学生进行测量演示。要求脱稿陈述，不足之处组员可以补充。
2）其他小组不同看法：每组陈述完后，其他组对陈述组的结论进行纠正或补充。注意：不是争论，而是提出不同的看法。

4. 老师点评及评优
指出各组的训练过程表现、海报完成情况以及完成任务的认真度，师生共同选出优胜组，将分数填入表1-6中。

表1-6 任务考核评分标准

组长：　　　　　　　组员：

序号	评价项目	具体内容	分值	小组自评（30%）	小组互评（30%）	老师评价（40%）	平均分
1	职业素养	细致和耐心的工作习惯　较强的逻辑思维、分析判断能力	5				
		吃苦耐劳、诚实守信的职业道德和团队合作精神	5				
		新知识、新技能的学习能力、信息获取能力和创新能力	5				
2	工具使用	正确使用万用表	15				
3	接线柱识别	用万用表能正确识别电动机的3个接线柱	20				
4	压缩机接线	能对空调或电冰箱电动机进行接线	20				
5	总结汇报	海报制作工整、详实、美观	10				
		陈述清楚、流利	10				
		演示操作到位	10				
6	总计		100				

思考与练习

1. 哪种压缩机的壳体温度比较低？为什么？
2. 同步电动机是直流电动机还是交流电动机？
3. 变频调速电动机和变级调速电动机在调速方面有什么区别？
4. 制冷装置常用电动机有几种？都用在什么场合？

任务四　四通阀应用

任务描述

观察热泵型空调四通阀的接线方式，分别指出制冷、制热两种状态下的排气管、吸气管、进入室外机换热器管、进入室内机换热器管，测量四通阀线圈阻值，并进行接线操作。

所需工具、仪器及设备

十字螺钉旋具、一字螺钉旋具、万用表、四通阀、热泵型空调。

知识目标

➤ 能描述四通阀的作用及工作原理。

➤ 能描述四通阀常见故障。

技能目标

➤ 会用万用表测电压、电阻。

➤ 能对四通阀进行接线。

➤ 能判断四通阀的故障原因。

知识准备

一、四通阀结构与工作原理

四通电磁换向阀简称四通阀。热泵型制冷装置一般用四通阀来切换制冷剂流向。如热泵空调器采用四通阀进行制冷与制热的转换，实现制热功能；热泵热水机使用四通阀进行制热水过程中的除霜。

四通阀外形如图1-20所示，其结构示意如图1-21所示（四通阀处于制冷状态）。四通阀由先导阀和阀体两部分组成。

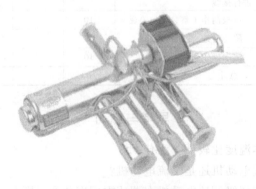

图1-20　四通阀外形

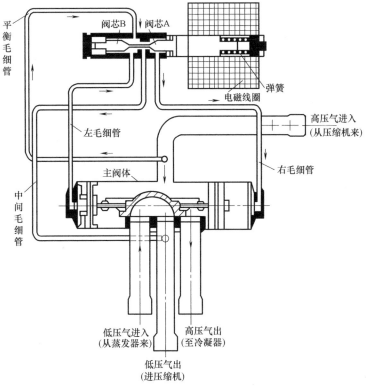

图 1-21 四通阀结构示意图（制冷状态）

1. 先导阀

先导阀的一部分是电磁体，由衔铁、螺线管（电磁线圈）及弹簧等组成，衔铁在不锈钢管内，端面由阀盖密封（银合金钎焊），衔铁在不锈钢管内有一定的移动行程。当螺线管通电后，便产生磁场，衔铁在电磁场的吸力下，克服弹簧压力向右移动；当切断电源时，磁场消失，衔铁在弹簧压力作用下向左移动复原。衔铁的任务就是受电磁场和弹簧力的控制，在规定行程下左右移动。先导阀的另一部分是阀体，是一个三通阀，阀体内有两个阀芯，分别控制一个阀口。两个阀芯与衔铁在阀体内的一条轴线上，在左、右端弹簧的压力下，互相紧靠成为一体。当螺线管通电产生磁场后，衔铁被吸引而移动，两个阀芯也随之移动。

在两个阀芯下部的阀体上有三个出口，分别插焊三根毛细管，左毛细管与主阀体左边筒体连在一起，右毛细管与主阀体右边连接，中间毛细管则与压缩机回气管接通（属于低压区）。还有一根平衡毛细管，在先导阀上部引出，与压缩机排气管连在一起（属于高压区，主要作用是让主阀体内的阀块保持一个位置以压住密封滑块，但随结构改进，已基本不用了）。在未通电时，由于右弹簧压力比左弹簧压力大，右弹簧推着衔铁、阀芯等向左移动，这时右阀门关闭、左阀门打开，左边两根毛细管相通，右毛细管通路被切断。通电后，电磁场吸引衔铁向右移动，阀芯在左弹簧推动下也向右移动，结果左阀门关闭、右阀门打开，右边两根毛细管相通，左毛细管通道被切断。

2. 阀体

阀体有四根连接管及两端盖上的两个小孔，阀体内装有半圆阀座、滑块以及两个活塞。阀座上有三个孔，由阀体外插进三根铜管，半圆阀座、筒体及铜管同时用银合金钎焊在一起。滑块就是阀门,在阀座上可以左右移动,它似船形体,里面被挖空。滑块平面盖在阀座上,只能盖住两个阀孔,使盖住的两个孔相通,但这两个孔与筒体内部不相通。当滑块左移时,就盖住左边两个孔,右边一个孔与筒体连通。当滑块右移时,就盖住右边两个孔,左边一个孔与筒体连通。这样,就能使制冷剂在系统内改变流向。两个活塞分别装在筒内左、右端口,活塞与滑块通过阀架联系在一起,可同步移动。活塞上有一个小孔,气体可通过小孔左右流通,活塞外圆柱与筒体内壁既要灵活移动,又要密封性能好。活塞用聚四氟乙烯薄板压制而成,形状就像打气筒内的皮碗。活塞外端面上装有一个阀芯,可以关闭端面上的阀孔,使其不漏气。滑块与阀座的接触平面非常光滑,可提高气密性。阀体中心插焊一根铜管,成为四通阀的阀门。一般的四通阀体上焊有四根毛细管,将电磁导向阀的三根毛细管分别接在四通阀的两端盖孔及当中一根铜管上,并将先导阀固定在四通阀上,组成一个完整的四通阀,要求各连接处密封、不漏气。

大型制冷设备如中央空调,所使用的四通阀流通能力较大,往往有两级阀体,上一级阀体的结构外形与普通四通阀的阀体相同,实际上是作为下一级阀体的先导阀之用。

二、四通阀常见电气故障检修

1. 四通阀不换向

对于四通阀不换向的故障,首先要检查有无 220V 的电源供电,正常接线时,其两根导线为一根相线和一根零线。电磁阀通电时,触摸电磁线圈外壳应有温热感,并有振动;电磁阀不通电时,触摸电磁线圈外壳应无温热感,也无振动。其次,断电情况下用万用表 $R\times 1k$ 档检测电磁线圈绕组是否正常。电磁阀电磁线圈的直流电阻值随型号不同而不同,一般为 $700\sim 1400\Omega$。若测得的阻值很小甚至为 0Ω,则说明线圈短路;若测得的阻值无穷大,则说明线圈断路。线圈短路通电时,阀壳烫手且无振动;断路通电时,阀壳常温,无其他现象。线圈短路、断路时电磁阀均失去换向功能,可更换四通阀线圈排除故障。

2. 电磁线圈烧坏

对于空调器冬季制热不正常的故障,先将空调器调节到制热模式下运行,发现压缩机和风机运转正常,室内机送风不热,再调至制冷模式下试机,供冷气正常,由此判断为电磁阀故障。停机拆外壳,开机调至制热模式,听不到四通阀换向声,触摸电磁线圈外壳无温热感及振动。用万用表交流电压档测其电源引接线有 220V 输入电压。断电后,用万用表电阻档测电磁线圈接线端子两端电阻,发现其阻值为无穷大。更换新线圈,试机运行正常,故障排除。

1-4 四通阀的外观结构、工作原理及安装

四通阀的外观结构、工作原理及其在空调器中的安装位置可扫描二维码 1-4 进行学习。

任务实施

步骤	实施内容
1	分组:将学生分成若干个活动小组,各组选出一个组长
2	各小组分别选一台空调
3	拆开室外机外罩,找到四通阀
4	拔下四通阀的电源线,用万用表测量其线圈阻值并记录
5	重新接上电源线,通电开机,用遥控器切换制冷、制热,注意观察通电时四通阀的状态,用手摸一摸它的铜管,感受一下温度

检测与评价

1. 小组讨论
组长召集小组成员讨论，交换意见，形成初步结论。

2. 制作张贴海报
1）列出四通阀的结构特点与应用场合及作用。
2）画出四通阀接线图。
3）写出四通阀先导阀线圈的阻值。

3. 小组代表陈述
1）每组推举3名学生，一名学生陈述：四通阀的应用场合、结构特点，以及检修方法；另两名学生进行测量演示。要求脱稿陈述，不足之处组员可以补充。
2）其他小组不同看法：每组陈述完后，其他组对陈述组的结论进行纠正或补充。注意：不是争论，而是提出不同的看法。

4. 老师点评及评优
指出各组的训练过程表现、海报完成情况以及完成任务的认真度，老师和活动组共同选出优胜组，将填写表1-7。

表1-7 任务考核评分标准

组长：　　　　　组员：

序号	评价项目	具体内容	分值	小组自评（30%）	小组互评（30%）	老师评价（40%）	平均分
1	职业素养	细致和耐心的工作习惯 较强的逻辑思维、分析判断能力	5				
		吃苦耐劳、诚实守信的职业道德和团队合作精神	5				
		新知识、新技能的学习能力、信息获取能力和创新能力	5				
2	工具使用	正确使用万用表	15				
3	四通阀管路识别	能正确说出制热管路走向	20				
4	四通阀接线	能对四通阀进行接线	20				
5	总结汇报	海报制作工整、详实、美观	10				
		陈述清楚、流利	10				
		演示操作到位	10				
6	总计		100				

思考与练习

1. 空调不能制热可能是由什么原因造成的？
2. 四通阀的作用和应用场合是什么？
3. 简述四通阀的工作原理。

4. 如果四通阀线圈安装不到位或松动，会出现什么状况？
5. 四通阀的常见故障有哪些？

任务五　电子膨胀阀应用

任务描述

电子膨胀阀是空调系统中很重要的一个部件，主要起制冷剂节流降压的作用，多与变频压缩机一起使用。通过本任务，使同学们熟悉它的结构及工作原理、可能产生的故障，并学会如何接线。

1）找出各制冷设备的节流机构。
2）观察电子膨胀阀的接线方式，测量电子膨胀阀线圈阻值，并进行接线操作。
3）比较各种节流机构的异同。

所需工具、仪器及设备

十字螺钉旋具、一字螺钉旋具、万用表、电子膨胀阀。

知识目标

➢ 能描述电子膨胀阀的作用及工作原理。
➢ 能描述电子膨胀阀的常见故障。

技能目标

➢ 能对电子膨胀阀进行接线。
➢ 能判断电子膨胀阀的故障原因。

知识准备

一、电子膨胀阀的种类与工作原理

近几年来，空调装置的主要部件——压缩机、热交换器、风机、电气控制系统等有了很多的改进，使空调装置的运行效率不断提高，在节能方面也有了很大收效。同样重要的制冷循环部件——节流装置也在不断改进与提高。毛细管及热力膨胀阀等传统的节流装置，对于制冷/制热负荷有较大范围的变化，并且要求负荷快速调节，特别是使用变频压缩机之后，要维持最佳的制冷循环，以谋求高效率这一点，一直不能适应。为此，为获得比以往控制范围更广泛、调节反应快的高精度的节流装置，近几年来研制出了电子控制膨胀阀，也称电子膨胀阀。电子膨胀阀主要应用在变频空调器中，它能适应高效率和制冷/制热流量的快速变化。

电子膨胀阀有多种形式，常见的有电热式、磁力式和步进式三种。其中前两种已经不多用，下面主要介绍步进式电子膨胀阀。

二、步进式电子膨胀阀的结构

步进式电子膨胀阀的结构如图 1-22 所示，外观如图 1-23 所示。它通过控制步进电动机的转动，从而控制阀门的开启角来控制制冷剂的流量。目前常采用四相脉冲直动型电子膨胀阀，当控制电路的脉冲电压按一定的逻辑顺序输入到电子膨胀阀电动机各相绕组上时，电动机转子受磁力矩作用产生旋转运动，通过减速齿轮组传递动力，经传动机构，带动阀针逐步地做直线移动，以改变阀口开启程度，从而自动调节工质流量，使制冷系统保持最佳状态。

步进式电子膨胀阀具有各种膨胀阀的优点。它的步进电动机通过减速齿轮组传递动力，与波纹管一起对阀芯升程进行调节。由于齿轮的减速作用，大大增加了输出转矩，使得较小的电磁力即可获得足够大的输出力矩。它的全开脉冲数为 2000 脉冲，调节更精确，因而调节品质更好。它的步进电动机与

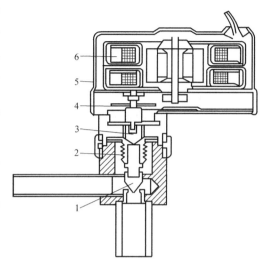

图 1-22 步进式电子膨胀阀的结构
1—阀芯 2—波纹管 3—传动器
4—齿轮 5—外壳 6—脉冲电动机

齿轮组可以方便地与不同口径的阀体分离，只要更换不同口径的阀体，就可以满足不同范围的流量调节需要。

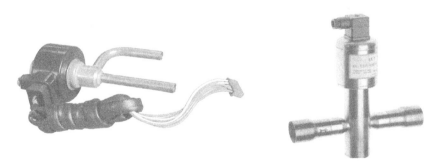

图 1-23 步进式电子膨胀阀外观图

三、步进式电子膨胀阀技术参数

适用环境温度：-30~60℃；适用流体温度：-30~90℃；适用制冷剂：R22、R134a、R404a、R407c；电源：DC12V±10%，矩形波；励磁方式：1-2 相励磁，单极驱动；励磁速度：30~90 脉冲数/s；步距角：1.8°；介质流动方向：正反皆可；使用压力：0~3.0MPa；安装方向：线圈朝上，前、后、左、右±90°；最大动作压差：2.26MPa；绝缘电阻：100MΩ 以上；最大工作压差：2.5MPa；最大安全工作压力：3.5MPa；电气接线方式：5 脚接线柱通过插头连接；步进频率（全步长）：（330~500）Hz×(1+15%)；从全开（关）到全关（开）的时间：5s；每相名义输入功率：5W；每相绕组电阻：60Ω×(1±10%)~80Ω×

（1±10%）。

四、步进式电子膨胀阀常见故障与检修

由于电子膨胀阀是通过电信号来控制步进电动机,进而控制阀门的开启度,从而控制制冷剂流量的,因此电子膨胀阀的流量控制只受阀门开启度的影响,而与冷凝压力和蒸发压力无关。电子膨胀阀的常见故障有密封系统泄漏,传动系统卡阻、堵塞。其故障现象和检修方法与热力膨胀阀相同。若插电后有"咯嗒"的响声,则表明电子膨胀阀正常;若没有响声,或在制冷时电子膨胀阀在压缩机工作后便开始结霜,则应检测其线圈及供电是否正常。如线圈出现故障,可从电子膨胀阀上取下线圈,进行修理或更换。修复或安装更换的线圈时,应先将线圈上部的凸部与电子膨胀阀上的凹部对准。

1-5 电热式、磁力式电子膨胀阀的工作原理

电热式、磁力式电子膨胀阀的工作原理可扫描二维码 1-5 进行学习。

任务实施

步骤	实施内容
1	分组:将学生分成若干个活动小组,各组选出一个组长
2	拆开多联机室外机外罩,找到电子膨胀阀的安装位置
3	拔下电源插头,用万用表测量步进电动机的绕组阻值
4	重新接上电源线,通电开机,用手摸一摸上制冷剂的进出口铜管,感受一下温度变化,节流前温度高,节流后温度低
5	找出并比较不同类型的节流机构的优缺点

检测与评价

1. 小组讨论

组长召集小组成员讨论,交换意见,形成初步结论。

2. 制作张贴海报

1) 列出不同类型节流机构的结构特点与应用场合及作用。

2) 写出步进式电子膨胀阀线圈的阻值。

3. 小组代表陈述

1) 每组推举 3 名学生,一名学生陈述:不同类型节流机构的应用场合、结构特点以及检修方法,另两名学生对电子膨胀阀线圈的阻值进行测量演示。要求脱稿陈述,不足之处组员可以补充。

2) 其他小组不同看法:每组陈述完后,其他组对陈述组的结论进行纠正或补充。注意:不是争论,而是提出不同的看法。

4. 老师点评及评优

指出各组的训练过程表现、海报完成情况以及完成任务的认真度,老师和活动组共同选出优胜组,填写表 1-8。

表 1-8　任务考核评分标准

组长：　　　　　　组员：

序号	评价项目	具体内容	分值	小组自评（30%）	小组互评（30%）	老师评价（40%）	平均分
1	职业素养	细致和耐心的工作习惯 较强的逻辑思维、分析判断能力	5				
		吃苦耐劳、诚实守信的职业道德和团队合作精神	5				
		新知识、新技能的学习能力、信息获取能力和创新能力	5				
2	工具使用	正确使用万用表	15				
3	节流机构的识别	能正确说出各种节流机构的应用场合和作用及其优缺点	20				
4	电子膨胀阀的故障检修	能说出电子膨胀阀的常见故障及检修方法	20				
5	总结汇报	海报制作工整、详实、美观	10				
		陈述清楚、流利	10				
		演示操作到位	10				
6		总计	100				

思考与练习

1. 指出常用电子膨胀阀的种类，说出其主要适用场合，并指出其相对于毛细管节流的优点。
2. 步进式电子膨胀阀与热力膨胀阀相比，有哪些优点？
3. 电子膨胀阀的常见故障是什么？
4. 电子膨胀阀连线应注意什么问题？

任务六　电磁阀应用

任务描述

找出制冷设备所使用的电磁阀元件，测量其阻值，掌握电磁阀种类、结构特点、作用及工作原理，描述电磁阀常见故障，对电磁阀进行接线。

所需工具、仪器及设备

十字螺钉旋具、一字螺钉旋具、万用表、电磁阀。

知识目标

➢ 能描述电磁阀的种类。
➢ 能描述电磁阀的作用及工作原理。
➢ 能描述电磁阀的常见故障。

技能目标

➢ 会用万用表测电磁阀线圈电阻。
➢ 能对电磁阀进行接线。
➢ 能判断电磁阀的故障原因。

知识准备

电磁阀是一种依靠电磁力自动启闭的截止阀。在制冷空调装置中，常用电磁阀作为遥控截止阀、双位调节系统的调节机构或安全保护设备。它适用于各种气体、液体制冷剂，润滑油以及水管路中。

在中、小型空调器（机）系统中，它串联在节流装置前的液体管道上，并与压缩机同接一个起动开关。即当压缩机开机时，电磁阀打开，接通系统管路，使制冷系统正常运行；当压缩机停机时，电磁阀自动切断液体管路，阻止制冷剂液体继续流向蒸发器，以防止压缩机再次起动时造成液击现象。

电磁阀必须垂直地安装在制冷管道上，其阀体上的箭头方向必须与制冷剂流动方向一致。

电磁阀的形式很多，但从其启闭的动作原理来分，基本上只有两类：一类是直接作用式，即一次开启式；另一类是间接作用式，即二次开启式。

一、直接作用式电磁阀

中、小型空调器（机）中均采用直接作用式电磁阀，其结构如图1-24所示。直接作用式电磁阀主要由阀体、电磁线圈、阀芯、动铁心、弹簧等部分组成。其上半部分为电磁线圈部分，线圈由高强度漆包线绕制而成；下半部分为阀体，用隔磁导管将工质封闭。隔磁导管用反磁不锈钢材料制成，动铁心、定铁心均用软磁不锈钢材料制成，阀针用非磁性不锈钢制成，阀口材料为聚四氟乙烯。

直接作用式电磁阀的工作原理：电磁线圈通电时，产生磁场，吸引动铁心带动阀针上移，阀口开启；电磁线圈断电时，磁场消失，动铁心和阀针靠自重和弹簧力而下落，阀门关闭。

由于这种阀门靠重力和弹簧力关闭，因此要求垂直安装，以免阀芯被卡住而造成失灵，并且要注意阀体上的箭头应与管路工质的流向一致。选用电磁阀时应注意其型号、工作电压、阀门通径、适用介质、使用温度、压力及压差等问题。目前，空调系统中广泛采用2FDF和FDF型电磁阀，其技术参数及规格见表1-9、表1-10，供选择时参考。

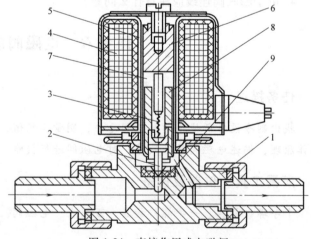

图1-24 直接作用式电磁阀
1—阀体 2—阀芯 3—弹簧 4—电磁线圈 5—套管
6—定铁心 7—短路环 8—动铁心 9—阀口

表 1-9 2FDF 型电磁阀技术参数及规格

型号[①]	通径/mm	接管/mm	连接方式	开阀压力/MPa	工作介质	介质温度/℃	电源电压/V AC	电源电压/V DC
2FDF3	φ3	φ6×1	扩喇叭口	气态 0.03~1.7 液态 0.03~1.4	R12、R22	−20~65	36,110,127, 220,346, 380,420	12,24, 110,220
2FDF6	φ6	φ8×1						
2FDF8	φ8	φ10×1						
2FDF10	φ10	φ12×1						
2FDF13	φ13	φ16×1.5						
2FDF16	φ16	φ19×1.5						
2FDF19	φ19	φ22×1.5						

① 用于 R12 时型号前去掉"2",即为 FDF 型,用于 R22 时,型号前写"2",即 2FDF 型。

表 1-10 FDF 型电磁阀技术参数及规格

型号	管径/mm	连接方式	开阀形式	工作温度范围/℃	最大压差/MPa	最小开阀压差/MPa	线圈电压/V 交流	线圈电压/V 直流	功率/W
FDF-3	3	喇叭口	直动	−40~50	气态 1.7 液态 1.4	0.03	36	24	14
FDF-6	6						220	110	
FDF-8	8						380	220	
FDF-10	10								
FDF-13	13		导压开启式						
FDF-16	16								
FDF-19	19								
FDF-25	25	法兰							
FDF-32	32								

直接作用式电磁阀也有三通的直接启闭式电磁阀,可以用于制冷系统,作为制冷压缩机气缸卸载装置的油路控制阀,也可在制冷管路中控制制冷剂的不同流向。其结构如图 1-25 所示。

三通电磁阀与两通电磁阀相比,其底部还有一个通道口 c,并且进口 a 和出口 b 不在同一水平面上,如图 1-25 所示。电磁阀通电,阀杆提起,这时 b—c 连通,而与 a 不通;线圈失电,阀杆落下,阀芯把 c 堵死,a—b 连通。由于铁心只能有两个位置,三路不能同时连通。可以看出,a—c 在任何情况下都是不通的。三通电磁阀的使用要求同二通电磁阀。

二、间接作用式电磁阀

间接作用式电磁阀又称为继动式电磁阀,如 ZCL-6、ZCL-10、ZCL-15、ZCL-20 型等,其结构如图 1-26 所示。小阀芯上半部采用 ZCL-3 型结构,小阀

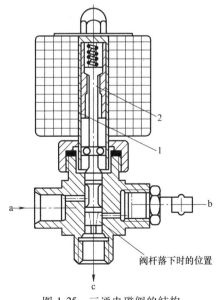

图 1-25 三通电磁阀的结构
1—阀芯 2—阀杆

座做在大阀盖上，大阀芯用聚四氟乙烯压配在活塞上，大阀座做在大阀体上。

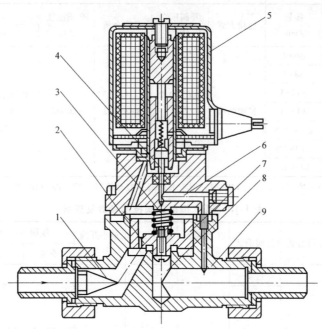

图 1-26　间接作用式电磁阀的结构

1—滤网　2—平衡孔　3—弹簧　4—小阀芯　5—电磁导阀　6—导压孔　7—活塞　8—大阀口　9—大阀体

间接作用式电磁阀的工作原理：线圈通电，产生磁场，吸引动铁心和阀针，小阀口打开，使活塞上腔压力因通过导压孔通向阀的出口而下降，活塞上、下产生压差，使活塞浮起，大阀口开启；线圈失电，阀针落下使小阀口关闭，活塞上、下腔的压力通过活塞上的平衡孔均压，在活塞自重和弹簧力的作用下，活塞压下，使大阀口关闭。

间接启闭式电磁阀在工质流过时有压力损失，阀口全开时压力损失为 0.014MPa。电磁阀底部设有手动顶杆，必要时（如线圈烧坏）可手动顶开活塞以维持正常工作。

三、其他电磁阀

1. 二位三通电磁阀（又称双稳态电磁阀）

二位三通电磁阀用于电冰箱（冰柜）双回路制冷系统，其一通接入冷凝器冷却的制冷剂，二通分别控制两根毛细管，以控制两个独立间室的温度。二位三通电磁阀外形如图 1-27 所示，由阀体、线圈、线圈外罩及 φ5mm 纯铜连接管组成，适应电压 220V/50Hz，功率 4W，内设 0.5A 保险管。二位三通电磁阀通过磁保持在不通电时在两个位置均能保持稳定状态，即平时不耗电，仅在换向时瞬时耗电，无驱动脉冲，断电后均保持原状态。其结构特点：①阀门流量比普通阀门提高 10%；②采用特殊密封结构和特殊密封材料，无泄漏；③寿命长，

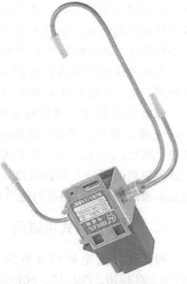

图 1-27　二位三通电磁阀外形

是同类产品的 5 倍以上；④工作平稳，噪声低，无水锤冲击，无颤抖声；⑤采用膜片结构，对介质洁净度要求较低；⑥省电，线圈不发热，可靠性高。

二位三通电磁阀的工作原理及其在分立双循环电冰箱中的应用可扫描二维码 1-6 进行学习。

1-6 二位三通电磁阀的工作原理及应用

2. 旁通电磁阀

旁通电磁阀是一种小流量、常闭式的二通电磁阀，其外形如图 1-28 所示。其内部结构与电磁阀基本相同，由线圈、阀杆、阀芯、弹簧、动铁心、定铁心等组成。工作时，使用 220V 交流电。当线圈通电时，动衔铁动作，带动阀杆克服弹簧力上移，将阀芯打开，管路接通；当线圈失电时，阀芯关闭。

旁通电磁阀目前广泛用于电冰箱、家用空调、多联机、热泵热水机、除湿机中。如用于热带型空调器高压卸荷并冷却压缩机，用于热泵空调或热泵热水机制冷系统的除霜调节，用于多联机部分介质流向控制。

四、常见电磁阀故障分析与检修方法

制冷系统中使用的电磁阀外形结构大不相同，但常见的故障分析及检修处理方法却差不多。下面系统介绍一下常见电磁阀的故障分析及检修处理方法，详见表 1-11。

图 1-28 旁通电磁阀

表 1-11 电磁阀故障分析及检修处理方法

故　　障	原因分析	处理方法
通电不动作	1. 电源接线接触不良 2. 电源电压变动不在允许范围内 3. 线圈短路或烧坏	1. 接好电源线 2. 调整电压在正常范围内 3. 更换线圈
开阀时流体不能通过	1. 流体压力或工作压差不符合 2. 流体黏度或温度不符合 3. 阀芯与动铁心周围混入杂垢、杂质 4. 阀前过滤器或导阀孔堵塞 5. 使用时工作频率太高或寿命到期	1. 调整压力或工作压差或更换适合的产品 2. 更换适合的产品 3. 对内部进行清洗，阀前必须安装过滤阀 4. 及时清洗过滤器或导阀孔 5. 改选产品型号或更换新产品
关阀时流体不能切断	1. 流体黏度不符合 2. 流体温度不符合 3. 弹簧变形或寿命到期 4. 阀座有缺陷或黏附脏物 5. 密封垫脱出、缺陷或变形 6. 平衡孔或节流孔堵塞 7. 使用时工作频率太高或寿命到期	1. 更换合适的产品 2. 更换合适的产品 3. 加垫片或更换弹簧 4. 清洗、研磨或更新 5. 更新、重新装配 6. 及时清洗 7. 改选产品型号或改换新产品
外漏	1. 管道连接处松动 2. 管道连接外密封件损坏	1. 拧紧螺栓或接管螺纹 2. 更换密封件

(续)

故　障	原因分析	处理方法
内泄漏严重	1. 流体温度不符合 2. 导阀座与主阀座有杂质或缺陷 3. 导阀与主阀密封垫脱出或变形 4. 弹簧装配不良、变形或寿命到期 5. 使用时工作频率太高	1. 调整流体温度或更换 2. 清洗或研磨,修复或更换 3. 更换密封垫 4. 更换弹簧 5. 改选产品型号或更换产品
通电时噪声过大	1. 紧固件松动 2. 电压波动、不在允许范围内 3. 流体压力或工作压差不适合 4. 流体黏度不符合 5. 衔铁吸合面有杂质	1. 拧紧 2. 调整到正常范围内 3. 调整压力或工作压差,或更换产品 4. 更换适合的产品 5. 及时清洗

任务实施

步骤	实施内容
1	分组:将学生分成若干个活动小组,各组选出一个组长
2	老师导读教材相关内容,展示实物
3	在多联机上找到空调电磁阀,观察其安装位置
4	在分立双循环电冰箱上找到二位三通电磁阀,观察其安装位置
5	用万用表对电磁阀线圈进行检测,记录线圈阻值

检测与评价

1. 小组讨论

组长召集小组成员讨论,交换意见,形成初步结论。

2. 制作并张贴海报

1) 列出各类电磁阀的结构特点与应用场合及作用。

2) 写出各类电磁阀线圈的阻值。

3. 小组代表陈述

1) 每组推举 3 名学生,一名学生陈述:各类电磁阀的应用场合、结构特点以及检修方法。另两名学生进行测量演示。要求脱稿陈述,不足之处组员可以补充。

2) 其他小组不同看法:每组陈述完后,其他组对陈述组的结论进行纠正或补充,注意:不是争论,而是提出不同的看法。

4. 老师点评及评优

指出各组的训练过程表现、海报完成情况以及完成任务的认真度,老师和活动组共同选出优胜组,填写表1-12。

表 1-12 任务考核评分标准

组长：　　　　　　　组员：

序号	评价项目	具体内容	分值	小组自评（30%）	小组互评（30%）	老师评价（40%）	平均分
1	职业素养	细致和耐心的工作习惯较强的逻辑思维、分析判断能力	5				
		吃苦耐劳、诚实守信的职业道德和团队合作精神	5				
		新知识、新技能的学习能力、信息获取能力和创新能力	5				
2	工具使用	正确使用万用表	15				
3	电磁阀的识别	能正确说出电磁阀的应用场合和作用	20				
4	电磁阀的故障检修	能说出电磁阀的常见故障及检修方法	20				
5	总结汇报	海报制作工整、详实、美观	10				
		陈述清楚、流利	10				
		演示操作到位	10				
6		总计	100				

思考与练习

1. 电磁阀的分类、作用和应用场合各是什么？
2. 电冰箱如何实现冷冻室、冷藏室独立制冷？
3. 电磁阀与旁通电磁阀的工作原理和结构形式相同，为什么使用的场合却不同？
4. 指出电冰箱专用的二位三通电磁阀与传统的其他电磁阀在通电状态上的不同之处，说出这种控制方式的优点。

任务七　其他电气执行机构应用

任务描述

对负离子发生器、PTC加热器、电热管加热器进行结构辨识，认识其作用、应用场合，检测并记录线圈阻值，熟悉接线特点、常见故障及检修方法。

知识目标

➢ 能描述负离子发生器、电加热器的作用及工作原理。
➢ 能描述负离子发生器、电加热器的常见故障。

技能目标

➢ 会用万用表测电加热器的电阻。
➢ 能对电加热器进行接线。
➢ 能判断电加热器的故障原因。

知识准备

一、空气负离子发生器

1. 空气负离子发生器的工作原理

空气负离子发生器利用高压电晕,使室内的氧分子变成氧负离子,增加空气中负离子成分,从而可改善空气质量,促进身体健康,被誉为"空气维生素"。

图 1-29 所示为一种高效开放式空气负离子发生器的电路原理,它采用晶闸管逆变高压,悬浮式放电针,结构简单,效果良好,安全可靠,电源电压为 160~250V 均能正常工作,且耗电极少,仅 1W 左右,因此可长期连续工作。其工作原理为:220V 电源经 VD1、VD2 和 R1、R2 整流、限流,单向脉动电流控制 VTH 的通断,产生振荡,经变压器 T 升压后,经 VD3 整流得到万伏左右的负高压,经放电针对空气放电,产生电离,生成负离子。R1 电阻为 22kΩ、1/2W;R2 电阻为 27kΩ、1/4W;R3 是防触电保护电阻,阻值为 2~4MΩ;VD1、VD2 为整流二极管,型号为 IN4007;VD3 为整流桥堆,电压为 18kV;VTH 为单向晶闸管,参数为 1A/400V;T 为脉冲变压器。

空气负离子发生器的工作过程以及单向晶闸管的特性可扫描二维码 1-7 进行学习。

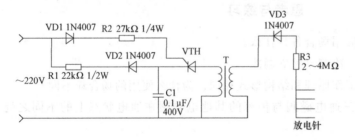

图 1-29 高效开放式空气负离子发生器的电路原理图   1-7 空气负离子发生器的工作过程以及单向晶闸管的特性

2. 空气负离子发生器的功能

空气负离子发生器具备以下功能:

(1) 净化空气 能与通常都带正电离子的病菌、尘埃微粒、有机有害气体等结合,净化空气。

(2) 杀菌除尘 空气负离子发生器产生的负离子可以抑制细菌、烟尘、花粉等污染粒子在空气中的流动及化学挥发,从而起到杀菌、除尘的作用。

(3) 除味消烟 能快速消除香烟烟雾,沉降尼古丁,除去生活中的各种异味,具有快速除臭作用。

(4) 人体保健 负离子非常有利于人体的健康长寿,它可改善心肺功能,增加血液的含氧量，改变冠状血流，增加心肌营养，促进新陈代谢，降低血压，增强体质。负离子还可振奋精神，消除疲劳，提高工作效率。

空气负离子发生器还具有耗电少、体积小、结构紧凑、无噪声、使用方便等特点，一些空气负离子发生器还兼具照明功能。

3. 空气负离子发生器的应用

空气负离子发生器广泛应用于空调、暖风机、空气净化器、风筒、电风扇、空气清新器等送风系统中，适合于家庭居室、书房、办公室、会议室、学校、幼儿园、医院病房、宾馆酒店、影院、网吧等公共场所的空气净化。

4. 空气负离子发生器的结构形式与检修

根据制冷装置的空间结构和安装要求，空气负离子发生器有多种结构形式，图1-30所示为针板型和毛头型。毛头放电产生负离子，主要用于电冰箱、窗机与分体机等小型制冷装置；针板放电产生负离子，主要用于较大空间的空气净化，如柜机或专门的空气净化器等。

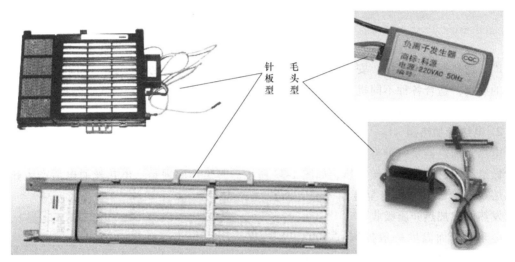

图1-30　负离子发生器的外观形式

负离子发生器的检修：正常工作时，负离子发生器有"吱吱"的细小放电声，用万用表直流高压档，红表笔接触毛头或极针，黑表笔接触极板或制冷装置壳体，测量到的放电电压应在1500V左右。如果离子发生器损坏，一般不予修理而直接更换。

二、电加热器的种类与应用

1. PTC加热器

PTC加热器具有恒温发热特性，其原理是PTC加热片加电后自热升温，使阻值升高进入跃变区，PTC加热片表面温度将保持恒定值，该温度只与PTC加热片的居里温度（一般在250℃上下）和外加电压有关，而与环境温度基本无关。即使在非正常工作情况下，由于PTC元件自身的调节作用，输入功率降得很低，仍不至于产生意外情况。在中小功率加热场合，PTC加热器具有恒温发热、无明火、热转换率高、受电源电压影响极小、自然寿命长等传统发热元件无法比拟的优势。

制冷装置所用的PTC陶瓷发热元件由若干单片并联组合后与波纹铝条经高温胶结组成，

如图1-31所示。该类型PTC加热器有热阻小、换热效率高及长期使用功率衰减低的优点，它的一大突出特点还在于安全性能上，即遇风机故障停转时，PTC加热器因得不到充分散热，其功率会自动急剧下降，此时加热器的表面温度维持在居里温度左右，从而不致产生如电热管类加热器的表面"发红"现象。另外，PTC加热器的整体外形轻巧，在整机内装配极为便捷。

图1-31　陶瓷发热元件外观

PTC加热器结构多样，安装方便，有表面带电型和表面绝缘型之分，其构成有组件与总成的区别，适合各种不同机型，目前已广泛应用于加热类小家电和窗式、壁挂式、落地式空调器以及商用中央空调，作为热泵的辅助电加热。

2. 电热管加热器

电热管加热器是一种将电能转变为热能的发热元件。它由不锈钢金属做外壳，结晶电熔镁砂做绝缘体，内置电热丝发热，如图1-32所示。其工作原理是：电热丝通电后产生热能，经电熔镁砂绝缘、导热传至金属外壳，而后散发热能被加热介质吸收。

电热管表面温度一般控制在500℃以下。为增加金属管状电加热元件的散热面积，从而增加单位功率，延长使用寿命，有些电热管加热器表面有特制的散热翅片，表面负荷可设计到$3\sim5W/cm^2$。电热管加热器可应用于空调、洗衣机、热水器、开水器等家用电器。

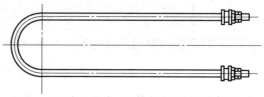

图1-32　电热管加热器示意图

3. 电加热丝

电加热丝有两种类型：玻璃纤维电加热丝和镍铬、铁铬等高电阻合金电阻丝。玻璃纤维电加热丝采用多层玻璃纤维为绝缘材料，与优质镍铬电热合金丝精制加工而成，如图1-33所示，具有安全可靠、使用方便、工作寿命长等优点，可直接缠绕在金属系统、各种管道系统需加热部位，多用于风冷无霜电冰箱的除霜系统。图1-34所示为电加热丝在除霜电冰箱中的应用。

图1-33　玻璃纤维电加热丝

镍铬、铁铬等高电阻合金电阻丝具有电阻率高、抗氧化、良好的可加工性和焊接性，在高温下有较高强度，可按需要绕制加工成各种尺寸形状，多用于小型制冷装置的辅助电加热和风冷无霜电冰箱的除霜系统中。图1-35所示为其结构组成示意图。

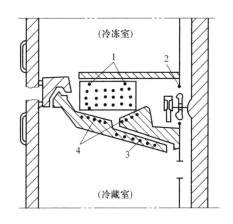

图1-34 电加热丝在除霜电冰箱中的应用
1—蒸发器除霜加热器 2—风扇扇叶孔圈加热器
3—出水管加热器 4—接水盘加热器

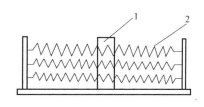

图1-35 合金电阻丝
1—托架 2—加热丝

4. 电加热器常见故障

无论使用何种电加热器，其加热部件基本上由熔断器和温控器组成安全控制电路，如图1-36所示。所以其常见故障有电加热器不工作、插头接触不良、温控器失灵、熔断器断开、控制继电器损坏等。

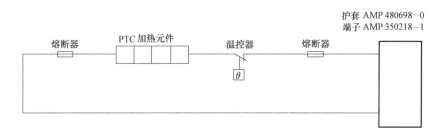

图1-36 空调常用电加热系统组成

检修电加热器时，首先检查接插头是否松脱，接线柱是否牢固，熔断器是否断开，然后用万用表电阻档测量电加热器有无断路。随着电加热器长久工作，很容易造成老化烧断，特别是电热管和电热丝。

温控器失灵后，在温度超过105℃时，不能自动跳开。正常情况下，温控器在冷态应是闭合状态，否则温控器损坏。温控器失灵还会导致熔断器烧断。

微机控制电加热继电器的开合，由于电加热器的功耗一般在1000W以上，很容易造成继电器的触点发热烧断。在通电加热情况下，检测继电器两接线柱之间的电压是否为0V，若为220V表明其损坏。也有特殊的情况是继电器触点粘连，导致电加热器不受控制。

风机不运转或出风口被严重阻碍，导致电加热器的热量不能及时散出，最易造成上述故障的出现。如果不是上述故障，则说明故障处在电控系统，这方面的检修在以后章节中讲述。

任务实施

步骤	实施内容
1	将学生分成几个小组，在空调、风冷电冰箱上找到相关电加热器、负离子发生器
2	测量电加热器的阻值
3	就空气负离子发生器、PTC加热器和电热管加热器三种电气执行机构的结构特点、作用、应用场合、工作原理、测量及常见故障等，写读书总结
4	制作海报，汇报任务完成情况

检测与评价

1．小组讨论

组长召集小组成员讨论，交换意见，形成初步结论。

2．制作张贴海报

1）列出电加热器的结构特点与应用场合及作用。

2）列出空气负离子发生器的应用场合及作用。

3）写出电加热器的阻值。

3．小组代表陈述

1）每组推举3名学生，其中1名学生陈述：电加热器、空气负离子发生器的应用场合、结构特点以及检修方法，另两名学生进行测量演示。要求脱稿陈述，不足之处组员可以补充。

2）其他小组不同看法：每组陈述完后，其他组对陈述组的结论进行纠正或补充。注意：不是争论，而是提出不同的看法。

4．老师点评及评优

指出各组的训练过程表现、海报完成情况以及完成任务的认真度，老师和活动组共同选出优胜组，填写表1-13。

表1-13 任务考核评分标准

组长： 组员：

序号	评价项目	具体内容	分值	小组自评（30%）	小组互评（30%）	老师评价（40%）	平均分
1	职业素养	细致和耐心的工作习惯较强的逻辑思维、分析判断能力	5				
		吃苦耐劳、诚实守信的职业道德和团队合作精神	5				
		新知识、新技能的学习能力、信息获取能力和创新能力	5				
2	工具使用	正确使用万用表	15				
3	空气负离子发生器、电加热器结构辨识	能正确说出各种空气负离子发生器、加热器的应用场合和作用及其优缺点	20				

(续)

序号	评价项目	具体内容	分值	小组自评（30%）	小组互评（30%）	老师评价（40%）	平均分
4	空气负离子发生器、电加热器的故障	能说出空气负离子发生器、电加热器的常见故障	20				
5	总结汇报	海报制作工整、详实、美观	10				
		陈述清楚、流利	10				
		演示操作到位	10				
6	总计		100				

思考与练习

1. 空气负离子发生器有几种结构形式，其电晕电压在什么范围内？
2. 空气负离子发生器的电晕电压有什么特点？（提示：正电压还是负电压、直流、交流还是脉冲）
3. 空气负离子发生器有什么作用？
4. 空气负离子发生器的工作原理是什么？
5. 大自然中哪些地方负离子较多？
6. 空气负离子发生器电路中的晶闸管有什么作用？
7. PTC 加热器与传统的电热管加热器相比，有哪些优点？
8. 写出 PTC 和 NTC 的全称。
9. PTC 加热器与电热管加热器相比有哪些特点？
10. 电加热器的常见故障有哪些？
11. 什么是居里温度？
12. 家用空调和风冷电冰箱各用的是哪种电加热器？

素养提升

冰　鉴

人类用冰的历史十分久远。《周礼》里就有有关"冰鉴"的记载。所谓"冰鉴"就是暑天用来盛冰，并置食物于其中的容器。算起来，"冰鉴"应该是人类最早使用的"冰箱"了。《吴越春秋》上曾记载："勾践之出游也，休息食宿于冰厨。"这里说的"冰厨"，就是夏季为帝王供备饮食的地方，兼具现代冰箱、空调的功能。

设计奇巧、铸造精良的鉴缶被誉为中国古代的"冰箱"。鉴缶由盛酒器尊缶与鉴组成，方尊缶置于方鉴正中，方鉴有镂孔花纹的盖，盖中间的方口正好套住方尊缶的颈部。鉴的底部设有活动机关，牢牢地固定着尊缶。鉴与尊缶之间有较大的空隙，夏天可盛放冰块、冬天可盛放热水。

古代的"冰箱"不仅外形美观，在功能设计上也十分精巧科学。箱内挂锡，用于防水；箱底有小孔，用于排水；两块盖板其中一块固定在箱口上，另一块是活板。每当暑热来临，可将活板取下，箱内放冰块并将时令瓜果或饮料镇于冰上，随时取用，味道冰爽清凉，用后让人觉得十分惬意、暑气顿消。

项目二
触点式控制器与传感控制器应用

学习目标

触点式控制器、传感控制器是制冷设备控制系统的重要组成部分，它们是制冷设备电气控制系统中的电气执行机构和电路板的连接桥梁部分，也称电气控制系统的第二级。通过常用的触点式控制器和传感控制器综合知识的学习和任务训练，熟悉其结构特点、工作原理、应用场合等知识，并获得接线方法、检测方法和故障排除的技能。

工作任务

对中央空调、多联机、风管机、热水机、家用柜式空调等制冷设备的电气控制系统进行现场观摩，分别分析触点式控制器、传感控制器的具体应用，现场以带电和不带电两种情况来检测其工作状态。

任务一 交流接触器应用

任务描述

1）对交流接触器实物进行辨识和模拟操作，说出其结构、工作原理以及应用场合。

2）用万用表测量交流接触器在手动闭合状态和断开状态下各主触点和辅助触点的电阻，并做记录。

3）用万用表检测交流接触器线圈电阻，并记录电阻值。

4）模拟通电情况，检测交流接触器线圈和各触点的电压，并记录电压值。

所需工具、仪器及设备

十字螺钉旋具、一字螺钉旋具、万用表、交流接触器。

知识目标

➢ 能描述交流接触器的种类、作用及工作原理。

➢ 能描述交流接触器的常见故障及检修方法。

技能目标

➢ 会用万用表测电压、电阻。
➢ 能对交流接触器进行接线。
➢ 能判断交流接触器的故障原因。

知识准备

触点式控制器是空调控制系统的重要组成部分,是实现弱电控制强电的中间过渡环节,在控制系统中占有很重要的比重,许多故障也是由其引起。

触点式控制器是指通过手动控制或电路板的弱电控制,产生磁或机械等传动力,带动其自身的机械动作式触点控制强电电路通断,从而控制电气执行机构运转的控制器件,如接触器、继电器等。

接触器是一种常见的低压自动控制电器,是控制电路中最主要的电气器件之一,常用来接通或断开电动机或电加热器等大电流回路。在空调设备中,大多应用在大型立柜式及商用中央空调电路中,也常用于冷库、中央空调及中大型热泵热水器的控制电路。

接触器具有远距离自动操作、欠电压释放保护、控制容量大、工作可靠、操作频率高、使用寿命长等优点。在控制系统中,通过按钮或中间继电器的通断,控制交流接触器线圈通电或断电,从而控制触点的通断,实现执行元件的运转或停止。按主触点通过电流的种类不同,接触器可分为交流接触器和直流接触器。直流接触器主要用于直流电路中直流电动机开启控制,如直流变频空调器。本任务主要介绍交流接触器。

一、交流接触器的结构特点与工作原理

图 2-1 所示为交流接触器的外形、结构示意图和符号。交流接触器主要由电磁机构、触点系统和灭弧装置三个部分组成。

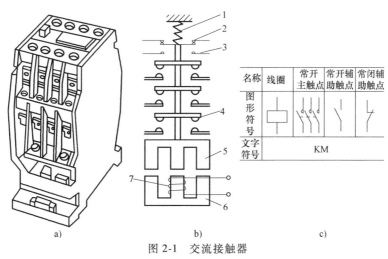

图 2-1 交流接触器
a) 3TB、3TF 系列外形 b) 结构示意图 c) 符号
1—弹簧 2—常闭辅助触点 3—常开辅助触点 4—常开主触点
5—动铁心 6—静铁心 7—线圈

电磁机构由线圈、动铁心、静铁心组成。铁心用硅钢片叠压铆成，大多采用衔铁做直线运动的双 E 形结构，其端面的一部分套有短路铜环，以减少衔铁吸合后的振动和噪声。

触点系统是接触器的执行元件，用以接通或分断所控制的电路，包括三对主触点和两组辅助触点，插接式接触器还可以根据需要增加辅助触点的数量。交流接触器的触点按接触情况分为点接触、线接触和面接触三种；按触点的结构分为桥式触点和指形触点两种；按通断能力分为主触点和辅助触点，主触点用以通断电流较大的主电路，一般由三对接触面较大的常开触点组成，辅助触点用以通断电流较小的控制电路，一般由两对常开触点和两对常闭触点组成。

容量在 10A 以上的接触器都有灭弧装置。交流接触器常采用双断口电动灭弧、纵缝灭弧和栅片灭弧三种灭弧方法，用以消除动、静触点在分、合过程中产生的电弧。

交流接触器还有反作用弹簧、缓冲弹簧、触点压力弹簧、传动机构、底座及接线柱等辅助部件。图 2-2 所示为常见交流接触器的外形图，图 2-3 所示为带灭弧装置的交流接触器的内部结构图。

a)　　　　　　　　　　b)

图 2-2　常见交流接触器外形图
a) 不带灭弧装置的交流接触器（20A）　b) 带灭弧装置的交流接触器（40A）

交流接触器工作过程及其在电路中的应用可扫描二维码 2-1 进行学习。

交流接触器的工作原理是利用电磁力与弹簧弹力相配合，实现触点的接通和断开。交流接触器有两种工作状态：失电状态（释放状态）和得电状态（动作状态）。当吸引线圈通电后，静铁芯产生电磁吸力，衔铁被吸合，与衔铁相连的连杆带动触点动作，使常闭触点断开，使常开触点闭合，接触器处于得电状态；当吸引线圈断电时，电磁吸力消失，衔铁在复位弹簧作用下释放，所有触点随之复位，接触器处于失电状态。

2-1　交流接触器工作过程及其在电路中的应用（动画演示）

二、接触器的应用

图 2-4 所示为 3TF 系列交流接触器在 5 匹柜式空调中的应用。该接触器为交流 50Hz 或

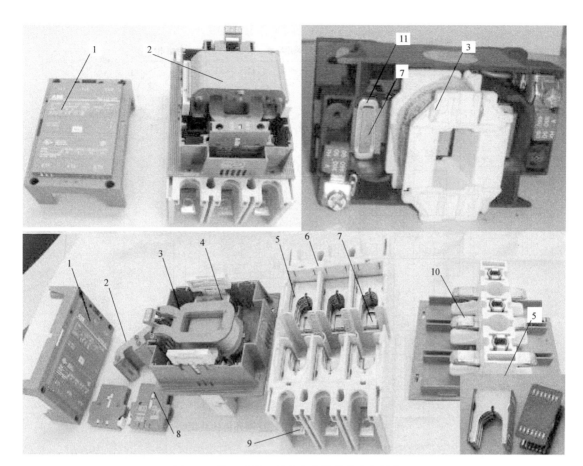

图 2-3 带灭弧装置的交流接触器的内部结构图

1—上盖 2—动铁心 3—线圈 4—静铁心 5—灭弧装置 6—底座 7—静触点 8—辅助接线触点
9—380V 接线端子 10—动触点（带银质材料） 11—短路环

60Hz，额定绝缘电压为 690~1000V，在 AC-3 使用类别下额定工作电压为 380V 时的额定工作电流为 9~400A，主要供远距离接通及分断电路之用，适用于控制中大型空调设备压缩机电动机的起动、停止。

在图 2-4 中，三相电源经过交流接触器和热继电器接到压缩机的三个接线柱上。交流接触器的线圈相线受控于室内电路板继电器，其常闭触点接压缩机曲轴箱加热器，当 3 对主触点闭合，压缩机工作时，常闭触点断开，停止向加热器通电。

三、交流接触器的选用与检修

1. 交流接触器的选用

1）选择接触器时，应根据控制电路的要求，正确地选用控制对象的电流类型、主触点的额定电压、主触点的额定电流、线圈额定电压、触点数量和是否具备插接组合功能等。

2）主回路触点的额定电流应大于或等于被控设备的额定电流，选择控制电动机的接触器时还应考虑电动机的起动电流。为了防止频繁操作使接触器主触点烧蚀，频繁动作的接触器可降级额定电流使用。

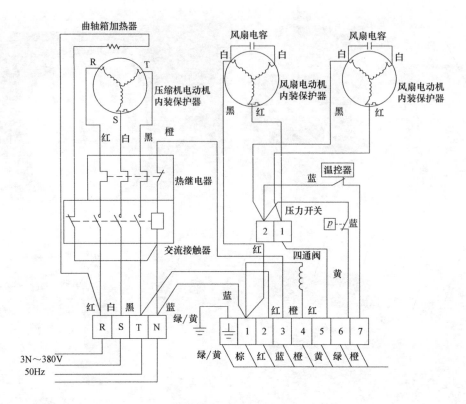

图 2-4　KFR-120W/M 柜式空调外机接线图

3）接触器电磁线圈的额定电压有 36V、110V、220V、380V 等，电磁线圈允许在额定电压的 80%~105%范围内使用。

2．交流接触器的运行检查与维护

（1）运行状态检查

1）检查交流接触器的负荷电流是否在接触器额定值之内，如不在，应立即更正。

2）检查接触器的分合信号指示是否与电路状态相符。

3）检查运行声音是否正常，有无因接触不良而发出的放电声。

（2）各部件工作状态的检修与维护

1）电磁线圈。检查电磁线圈有无过热现象，电磁铁的短路环有无异常，并测量线圈绝缘电阻（注意：检查电阻时要在断电状态下进行测量），如出现电阻无穷大或为 0 时，说明电磁线圈有故障。对于小型空调设备，如确定是线圈故障，应更换同型号的交流接触器。

2）灭弧罩。检查灭弧罩有无松动和破损情况，灭弧罩位置有无松脱和位置变化。并对灭弧罩缝隙内的金属颗粒及杂物进行清理。

3）主触点、辅助触点。检查动、静触点位置是否对正，三个主触点是否同时闭合，如有问题应调节触点弹簧。检查触点磨损程度，磨损深度不得超过 1mm；触点有烧损、开焊脱落时，须及时更换；触点轻微烧损时，一般不影响使用。清理触点时不允许使用砂纸，应使用整形锉。测量相间绝缘电阻，阻值应不低于 10MΩ。检查辅助触点动作是否灵活，触点行程应符合规定值。检查触点有无松动、脱落，发现问题时，应及时修理或更换。主触点、辅助触点有无烧损情况。

4) 铁心部分维护。清扫灰尘,特别是运动部件及铁心吸合接触面间。检查铁心的紧固情况,铁心松散会使运行噪声加大。铁心短路环有脱落或断裂,要及时修复。

任务实施

步骤	实 施 内 容
1	将学生分成若干个小组,每个小组领用各系列的交流接触器若干
2	对交流接触器进行拆装,熟悉其内部结构并分析其工作原理
3	用万用表测量交流接触器在手动闭合和断开状态下各主触点和辅助触点的电阻,并做记录
4	用万用表检测交流接触器线圈电阻,并记录电阻值

检测与评价

1. 小组讨论
组长召集小组成员讨论,交换意见,形成初步结论。

2. 制作张贴海报
1) 列出交流接触器结构特点与应用场合。
2) 画出交流接触器典型接线图。

3. 小组代表陈述
1) 每组推举3名学生,一名学生陈述:交流接触器的应用场合、结构特点,以及检修方法,另两名学生进行测量演示。要求脱稿陈述,不足之处组员可以补充。
2) 其他小组不同看法:每组陈述完后,其他组对陈述组的结论进行纠正或补充。注意:不是争论,而是提出不同的看法。

4. 老师点评及评优
指出各组的训练过程表现、海报完成情况,以及完成任务的认真度,老师和活动组共同选出优胜组,填写表2-1。

表2-1 任务考核评分标准

组长:　　　　　组员:

序号	评价项目	具体内容	分值	小组自评(30%)	小组互评(30%)	老师评价(40%)	平均分
1	职业素养	细致和耐心的工作习惯 较强的逻辑思维、分析判断能力	5				
		吃苦耐劳、诚实守信的职业道德和团队合作精神	5				
		新知识、新技能的学习能力、信息获取能力和创新能力	5				
2	工具使用	正确使用万用表	15				

(续)

序号	评价项目	具体内容	分值	小组自评（30%）	小组互评（30%）	老师评价（40%）	平均分
3	交流接触器检修	能正确说出交流接触器的作用、工作原理及故障检测方法	40				
4	总结汇报	海报制作工整、详实、美观	10				
		陈述清楚、流利	10				
		演示操作到位	10				
5		总计	100				

思考与练习

1. 交流接触器的作用是什么？
2. 在交流接触器通电情况下，怎么检测其性能？
3. 交流接触器触点火花是如何产生的？
4. 使用交流接触器时有哪些注意事项？
5. 交流接触器主触点与辅助触点有什么区别？
6. 交流接触器的铁心有什么作用？
7. 交流接触器铁心安装短路环有什么作用？
8. 分别画出交流接触器线圈和触点的几种图形符号，并写出其文字符号。
9. 交流接触器有哪些常见故障？
10. 交流接触器通常用于哪些制冷装置中？

任务二 继电器应用

任务描述

通过对各种继电器的检测与接线的训练，要求熟练掌握各种继电器的结构与原理，了解继电器的用途与应用，从而达到能够熟练认识与检修各种继电器的目的。

1）对各类继电器实物进行辨识和模拟操作，说出其结构、工作原理及应用场合。

2）以热继电器→控制交流接触器→控制压缩机为例，指出接线方法，画出典型接线图。

3）用万用表测量中间继电器在手动闭合和断开状态下各主触点和辅助触点的电阻，并做记录。

4）用万用表检测中间继电器线圈电阻，并记录电阻值。

5）模拟通电检测中间继电器线圈和各触点的电压情况，并记录电压值。

所需工具、仪器及设备

十字螺钉旋具、一字螺钉旋具、万用表、各类继电器。

知识目标

➢ 能描述继电器的种类、作用及工作原理。
➢ 能描述继电器的常见故障及检修方法。

技能目标

➢ 会用万用表测电压、电阻。
➢ 能对继电器进行接线。
➢ 能判断继电器的故障原因。

知识准备

继电器是一种基本的电气控制器件,根据输入的电气量或非电气量(电、磁、声、光、热)的变化接通或断开控制电路,以完成控制或保护功能,通常应用于自动化的控制系统中,故在电路中起着自动调节、安全保护、弱电控制强电的转换、小电流控制大电流等自动开关功能。

继电器比交流接触器所控制的电流小得多,在空调器中常用于控制室内、外风扇电动机,电磁四通换向阀,摇摆电动机及压缩机(2匹以下)电动机等。当空调器的制冷量超过3匹时,控制压缩机的开停则由继电器和交流接触器共同完成,此时继电器起弱电与强电的中间转换控制作用。

一、继电器的作用

(1) 扩大控制范围 例如,多触点继电器控制信号达到某一定值时,可以按触点组的不同形式,同时换接、开断、接通多路电路。

(2) 中间放大 例如,灵敏型继电器、中间继电器等,用一个很微小的控制量,可以控制很大功率的电路。

(3) 综合信号 例如,当多个控制信号按规定的形式输入多绕组继电器时,经过比较综合,可达到预定的控制效果。

(4) 自动、遥控、监测 例如,自动装置中的继电器与其他电器一起,可以组成程序控制电路,从而实现自动化运行。

二、制冷装置用继电器类型

继电器的种类很多,这里仅列举制冷装置所使用的继电器。

(1) 电磁继电器 由控制电流通过线圈所产生的电磁吸力驱动磁路中的可动部分而实现触点开、闭或转换功能的继电器。

1) 直流电磁继电器。控制电流为直流的电磁继电器,按触点负载大小分为微功率、弱功率、中功率和大功率四种,如电路板控制继电器。

2) 交流电磁继电器。控制电流为交流的电磁继电器,按线圈电源频率高低分为50Hz和400Hz两种,如中间继电器。

(2) 固态继电器 固态继电器是一种利用光电效应动作的继电器,如光电耦合器。

（3）热继电器　利用热效应动作的继电器，包括热继电器、温度继电器。

（4）时间继电器　无输入信号时，输出部分需延时或限时到规定的时间才闭合或断开控制线路的继电器。

1. 中间继电器

中间继电器主要起中间转换作用，其结构原理和接触器相似，不同之处是其触点的数量比较多，没有主、辅触点之分，也没有灭弧装置，在控制电路中作为信号分配、放大、联锁和隔离之用，有时也可代替接触器控制额定电流为 5A 以下的小型电动机。其线圈电压有 12V、36V、220V、380V 等几种。如果说接触器主要用来接通和分断大功率的负载电路，即主电路，那么中间继电器则主要用于切换小功率的负载电路，即控制电路，在空调设备中用于控制交流接触器的动作或直接控制小功率执行元件。

图 2-5 所示为 JZ7 系列中间继电器的外形和图形符号。在空调器电气控制系统中，中间继电器的主要功能是：当主令开关或其他自动电器的触点容量较小时，通过中间继电器的转换作用，可以适当加大所能控制的容量，扩充其他电器的触点数量，转换触点的种类；当中间继电器以自锁方式工作时，可以将按钮或其他电器触点短时闭合，用继电器的动作状态长期"保持"或"记忆"下来，进行联锁控制。中间继电器主要应用于冷库、中央空调等电气控制系统中，其常见故障及检修方法同交流接触器。

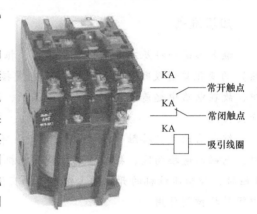

图 2-5　JZ7 系列中间继电器的外形和图形符号

2. 电路板控制继电器

电路板控制继电器是电路板电器中应用最广泛的一种电磁继电器。电路板控制继电器一般由铁心、电磁线圈、衔铁、复位弹簧、触点、支座及引脚等组成，其外形封闭，只有引脚外露，体积小巧，重量轻，反应灵敏，大量用在空调设备控制电路板上，但通过的电流不大。几种电路板控制继电器的外观如图 2-6 所示。

（1）电路板控制继电器的工作原理　电路板控制继电器主要是利用电磁感应原理工作的，如图 2-7 所示，当控制电路中的开关 S 闭合时，电磁铁便具有磁性，将衔铁吸下，使继电器触点闭合，与触点连接的电源电路便接通；当控制开关 S 断开时，电磁铁的磁性消失，继电器触点断开，电源电路也随之断开。

（2）电路板控制继电器触点的形式　如图 2-8 所示，电路板控制继电器触点的形式一般分为 3 种：第一种是继电器线圈未通电时处于接通状态的静触点，称为常闭触点，用字母 H 表示；第二种是处于断开状态的静触点，称为常开触点，用字母 D 表示；还有一种是一个动触点与一个静触点常闭，而同时与一个静触点常开，形成一开一闭的转换触点形式，用字母 Z 表示。常闭触点在线圈通电时由闭合状态断开，所以又称为动断触点，而把常开触点称为动合触点。转换触点有两种情况，即先合后断的转换触点和先断后合的转换触点。

在一个继电器中，可以具有一个或数个（组）常开触点、常闭触点和相应的转换触点

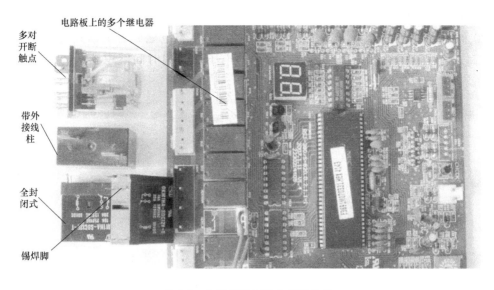

图 2-6 电路板控制继电器的外观

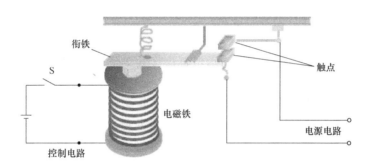

图 2-7 小功率电磁继电器的工作原理图

形式。

（3）电路板控制继电器的应用　电路板控制继电器主要利用单片机的弱电驱动信号控制强电电路的开断，从而驱动执行机构，比如 2 匹以下的压缩机，室内外风机，四通阀，电磁阀，电加热器等，都是典型的弱电控制强电的触点式控制器。电路板控制继电器一般焊接在电路板中，当其功率比较大且体积比较大时，也经常放在电路板的外围附近，变成电气控制系统的孤立电器。

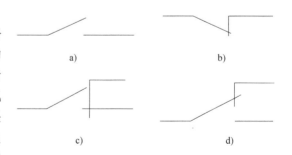

图 2-8 继电器触点的几种形式
a) 常开触点 D　b) 常闭触点 H　c) 先合后断的转换触点 Z　d) 先断后合的转换触点 Z

3. 时间继电器

触点动作或输出电路产生改变需要一个延时时间，该延时时间又符合其准确度等级要求的继电器，称为时间继电器。由于晶体管式时间继电器、数显时间继电器具有定时范围大、定时精度高、耗能小等优点，已广泛应用于需要按时间顺序进行控制的电气控制电路中，主要用在冷库、中央空调上，控制执行元件的开、合次序。

（1）时间继电器的分类及符号　时间继电器主要有电磁式、电动式、空气阻尼式、电子控制式等。这里举例说明制冷设备常用的电子控制式时间继电器，其外观如图2-9所示。

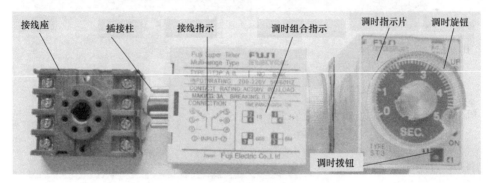

图2-9　电子控制式时间继电器外观

由图2-9可以看出，时间继电器有8个接线柱，其中②~⑦接线柱为电源输入端。其内的电子控制电路控制两组并行的延时触点：①-④、⑧-⑤为延时端口触点，①-③、①-⑥为延时闭合触点。延时时间调定包括：1S、5S、60S、6M四组，这些延时时间段需要人为调定，方法是：拔掉调时旋钮，撬出调时指示塑料片（共2张4面调时拨钮指示），选择拨动拨钮组合为2-4、1-4、2-3、1-3四个组合的一种，达到时间调定的目的。注意：拨钮组合调定后，应选择调时指示塑料片的正确面放在最上面，再盖上旋钮。

按延时方式，时间继电器有通电延时和断电延时两种，其常用符号如图2-10所示。各种延时触点的图形符号是在一般（瞬时）触点的基础上，加一段圆弧，圆弧向心方向表示触点延时动作的方向，圆弧离心方向表示触点瞬时动作方向。例如，延时闭合瞬时断开常开触点，即通电延时常开触点，表示右闭合（通电时）是延时的，而向左断开是瞬时的。

（2）时间继电器的安装及使用　选择时间继电器应注意延时性质（通电延时或断电延时）及范围、工作电压等。时间继电器的安装和使用应注意以下问题：

1）应按说明书规定的方向安装时间继电器。无论是通电延时型还是断电延时型，都必须使时间继电器在断电后，释放衔铁的运动方向垂直向下，其倾斜度不得超过5°。

2）时间继电器的整定值应预先在不通电时整定好，并在试车时校正。

名称	线圈	延时闭合常开触点	延时断开常闭触点	延时断开常开触点	延时闭合常闭触点
图形符号	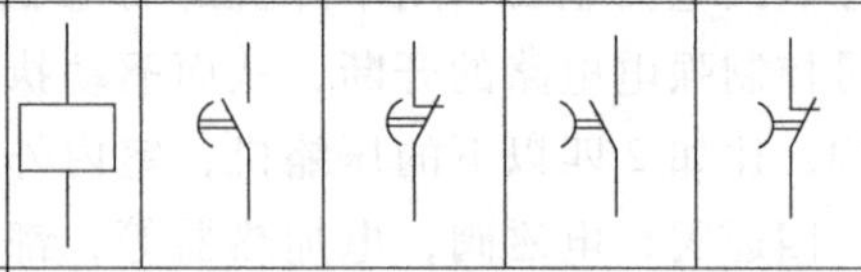				
文字符号	KT				

图2-10　时间继电器常用符号

3）时间继电器接地的螺钉必须与接地线可靠连接。

4）通电延时型时间继电器和断电延时型时间继电器可在设定时间内自行调换。

5）使用时，应经常清除灰尘及油垢，否则延时误差将更大。

（3）时间继电器常见故障检修　常用的时间继电器为电子控制式，其常见故障有控制时间范围不准，电路板上的电位器失效；触点不能正常通断，电路板上的电磁继电器损坏。

检修时要拆开底盖，对电路板上的这两个部件进行更换，或者更换整个电路板。

空气阻尼式时间继电器常见故障及处理方法见表 2-2。

表 2-2　JS-7 系列空气阻尼式时间继电器的常见故障及处理方法

故障现象	可能的原因	处 理 方 法
延时触点不动作	①电磁线圈断线 ②电源电压过低 ③传动机构卡阻或损坏	①更换线圈 ②调高电源电压 ③排除卡阻故障
延时时间缩短	①气室装配不严,漏气 ②橡皮膜损坏	①修理或更换气室 ②更换橡皮膜
延时时间变长	气室内有灰尘,使气道阻塞	清除气室内灰尘,使气道畅通

（4）时间继电器的应用　时间继电器主要用于中央空调和冷库电气执行机构的开停顺序控制，也用于热泵热水机的化霜控制等。

4．热继电器

（1）热继电器的应用　为保证空调设备的正常运行，在电气电路中常采用短路保护和过载保护措施。熔断器是空调设备中最常用的短路保护元件。利用熔断器是否能可靠地对电动机的过载进行保护呢？异步电动机是否过载，主要由电动机绕组的允许温升所限制。电动机在额定状态下长期工作时，绕组的温升不会超过允许值。在过载条件下工作时，绕组将因电流的增加而显著发热。但是否会达到或超出允许温升值，还要由过载前实际温升的大小、过载的程度和持续的时间长短而定。如不能适当控制，绕组就会过热而超过允许温升值，以致加速绕组绝缘层的老化，甚至烧毁绝缘层。因此，为了保护电动机免受过热的危险，就不能只用熔断器做过载保护，还需要寻找一种能反映电动机的实际温升或过热程度的自动电器。

热继电器多与交流接触器配合使用，通过控制交流接触器的线圈使触点断开，保护电路和电气执行元件。

能够提供过载保护的电器种类很多，有发热特性接近于电动机过载特性的热继电器；有基于温控原则，即达到温度就动作的温控继电器；还有能提供多种保护的电子式继电器等等。

（2）热继电器的结构及工作原理　图 2-11 所示为热继电器的外形，有三对接线柱（注意：没有主触点），一对常闭触点用于控制交流接触器的线圈，一对常开触点用于接故障点（通常不用），一个复位杆用于调停时复位，一个电流整定盘用于调定额定通过电流（一般在出厂时已经调定），一个 TEST 拨钮用于检测热继电器是否正常。

热继电器的工作原理及符号如图 2-12 所示。热继电器是由热元件、触点、动作机构、复位按钮和整定电流装置五部分组成的。热元件串联在电动机的定子绕组中，常闭触点串联在控制回路中。当电动机负载正常时，热元件中流过的电流为额定值，热继电器不动作。当电动机过载时，流过热元件的电流超过允许值，使双金属片向上弯曲，因而脱扣，扣板在弹簧的拉力作用下将常闭触点断开，切断电动机控制电路，使控制电动机的接触器断电释放，电动机断电停止运行，起到过载保护的作用。当负载恢复正常时，可用复位按钮使热继电器复位。

图 2-11 热继电器外形图（型号为TGR36-32）

1—主电路出线接线端子（2/T1，4/T2，6/T3） 2—主电路进线接线端子（1/L1，3/L2，5/L3）
3—辅助电路常闭触点接线端子 4—辅助电路常开触点接线端子 5—测试拨杆 6—螺钉
7—复位/停止按钮 8—整定电流调节旋钮

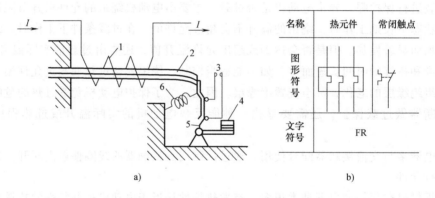

a) b)

图 2-12 热继电器工作原理图及符号

a）工作原理图 b）符号

1—热元件 2—双金属片 3—常闭触点 4—复位按钮 5—扣板 6—弹簧

（3）热继电器的常见故障及处理方法　热继电器的常见故障及处理方法见表2-3。

表 2-3　热继电器的常见故障及处理方法

故障现象	可能的原因	处理方法
热元件烧断	①负载侧短路，电流过大 ②操作频率过高	①排除故障，更换热继电器 ②更换合适参数的热继电器
热继电器不动作	①热继电器的额定电流值选用不合适 ②整定值偏大 ③动作触点接触不良 ④热元件烧断或脱焊 ⑤动作机构卡阻 ⑥扣板脱出	①按保护容量合理选用 ②合理调整整定值 ③排除触点接触不良因素 ④更换热继电器 ⑤排除卡阻因素 ⑥重新放入并测试

(续)

故障现象	可能的原因	处 理 方 法
热继电器动作不稳定，时快时慢	①热继电器内部机构某些部件松动 ②在检修中弯折了双金属片 ③通电电流波动太大，或接线螺钉松动	①对这些部件加以紧固 ②用2倍额定电流预试几次或将双金属片拆下来热处理（一般约240℃），以去除内应力 ③检查电源电压或拧紧接线螺钉
热继电器动作太频繁	①整定值偏小 ②电动机起动时间过长 ③连接导线太细 ④操作频率过高 ⑤使用场合有强烈冲击和振动 ⑥可逆转换频繁 ⑦安装热继电器处与电动机处环境温差太大	①合理调整整定值 ②按起动时间要求，选择具有合适的可返回时间的热继电器或在起动过程中将热继电器短接 ③选用标准导线 ④更换合适的型号 ⑤选用防振动、冲击的热继电器或采用防振动措施 ⑥改用其他保护形式 ⑦按两地温差情况配置合适的热继电器
主电路不通	①热元件烧断 ②接线螺钉松动或脱落	①更换热元件或热继电器 ②紧固接线螺钉
控制电路不通	①触点烧坏或动触点片弹性消失 ②可调整式旋钮转到不合适的位置 ③热继电器动作后未复位	①更换触点或弹簧 ②调整旋钮或螺钉 ③按动复位按钮

（4）热继电器安装与使用中应注意的问题

1）选择热继电器主要根据电动机的额定电流来确定热继电器的型号及整定电流值。

2）热继电器必须按照产品说明书规定的方式安装。与其他电器安装在一起时，应将热继电器安装在其他电器的下方，避免受到其他电器发热的影响。热继电器与接触器组合使用的接线图如图2-13所示。

3）安装热继电器时应清除触点表面上的尘污，以免因接触电阻过大或电路不通而影响热继电器的动作性能。

4）应选择合适的主电路连接导线，TGR36系列热继电器可按表2-4选用。

5）使用中的热继电器应做定期通电校验。

6）在主回路通电前必须进行动作测试。按箭头方向轻轻推动热继电器盖板上的TEST测试处，常开（97、98）、常闭（95、96）辅助触点应分别处于闭合、断开状态。放开手，则常开（97、98）、常闭（95、96）辅助触点应分别处于断开、闭合状态。

7）如果运行中需要紧急停止，只须按下（红色）停止按钮即可。按下停止按钮时常闭辅助触点断开，松开停止按钮时常闭辅助触点闭合。

8）应定期测试热继电器，保证其动作机构灵活，辅助触点接触良好。定期检查热继电器主回路、辅助回路接线螺钉有无松动，导线端部有无断裂、氧化现象。若有，应及时维护。

9）使用过程中若热元件烧断，可能是负载侧短路，须排除电路故障，更换热继电器。

10）在使用中应定期用布擦净热继电器上的尘埃和污垢，并清除触点处的锈斑。

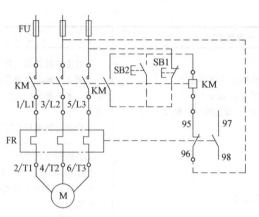

图 2-13 热继电器接线原理图

表 2-4 热继电器连接导线选用表

热元件额定电流/A	导线标准截面积/mm²
$0 < I_e \leq 8$	1.0
$8 < I_e \leq 12$	1.5
$12 < I_e \leq 20$	2.5
$20 < I_e \leq 25$	4.0
$25 < I_e \leq 32$	6.0
$32 < I_e \leq 50$	10
$50 < I_e \leq 65$	16
$65 < I_e \leq 85$	25
$85 < I_e \leq 115$	35
$115 < I_e \leq 150$	50
$150 < I_e \leq 175$	70

5. 电冰箱专用起动继电器

(1) 起动继电器的作用与工作原理　起动继电器的作用，就是在压缩机起动时，使电动机起动绕组也接入电源，使电动机形成旋转磁场，且有足够的转矩，让电动机能正常起动运转；而当电动机转速趋于正常时，又自动将电动机的起动绕组从电源中断开。在压缩机电动机下一次起动时，又重复上述过程。

起动继电器的线圈是和压缩机电动机（包括阻抗分相起动型和电容起动型）的运行绕组串联在一起的，如图 2-14 所示。起动继电器的工作特性中，主要有吸合电流值和释放电流值两个参数。在压缩机电动机接通电源的瞬间，由于只有运行绕组接入，电动机还未旋转，因而电流值较大，也就是有较大的起动电流。该起动电流值已经超过了起动继电器的吸合电流，使衔铁动作，将起动继电器的起动触点闭合，使起动绕组也与电源接通，而定子产生旋转磁场，转子获得足够的转动力矩后开始旋转，而运行绕组中的电流却随着电动机转速的增高而下降。当电动机的转速达到额定转速的 75% 以上时，运行绕组中的电流已经降到起动继电器的释放电流以下，起动绕组所产生的电磁力已经无法使衔铁继续保持吸合状态，在衔铁重力的作用下，衔铁下落复位，起动触点被断开，起动绕组也从电路中被断开，此时运行电流虽然继续通过起动继电器的绕组,但所产生的电磁力已不足以吸动衔铁。

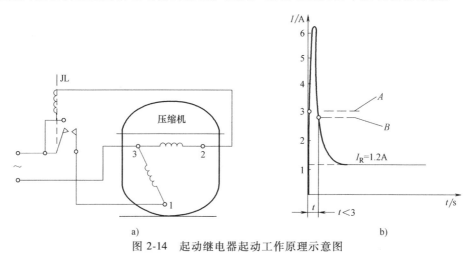

图 2-14 起动继电器起动工作原理示意图
a) 电路图 b) 电路中起动电流状态
1—起动绕组端头 2—运行绕组端头 3—公用端头 JL—起动继电器和触点
A—起动继电器吸合电流 B—释放电流 I_R—运行电流 t—时间

（2）电流起动继电器 电流起动继电器主要控制起动电容器与起动绕组之间的电流,当电动机达到额定转速时,电流起动继电器的接点跳开,因此起动电容器与电路切断。

1）重锤式电流起动继电器。重锤式电流起动继电器主要由电流线圈、电触点、衔铁和绝缘外壳等构成,其结构如图 2-15 所示。

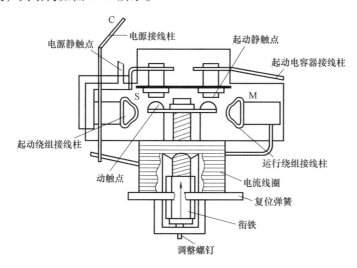

图 2-15 重锤式起动继电器的结构

在压缩机电动机通电瞬间,电动机的运行绕组与起动继电器的线圈先得电,由于起动电流很大,在起动继电器的线圈上产生一个足够大的磁场吸动衔铁,使起动继电器的动触点与静触点闭合,接通压缩机电动机的起动绕组,电动机运转。随着电动机转速的提高,运行电流逐渐下降,当降到起动继电器的释放电流时,动触点在衔铁重力作用下与固定触点断开,电动机的起动绕组退出工作,压缩机进入正常运行,如图 2-16 所示。

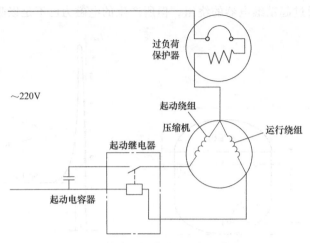

图 2-16 重锤式起动继电器的工作原理

重锤式起动继电器可直接插在压缩机起动与运行接线柱上,并与保护器组装在一个接线盒内。选择重锤式起动继电器时,一定要使它的吸合电流小于该压缩机在最低操作电压下主绕组电流为热态堵转时的电流值;它的释放电流要大于主绕组与起动绕组共同接入时,在最高操作电压下冷态时主绕组的电流值。

这类起动继电器的优点是结构紧凑、体积较小、可靠性好;缺点是可调性差,当电源电压波动较大时,就会出现触点不能释放或因接触不良而造成触点烧损的情况。

注意:使用时,重锤式起动继电器一定要直立安装。

2) PTC 起动继电器。PTC 起动继电器是一种新型的起动继电器。PTC 元件是一种正温度系数热敏电阻,它是以钛酸钡掺微量稀土元素,采用制陶工艺制成的一种半导体晶体结构,故 PTC 起动继电器又称半导体起动器,它适用的电压范围宽,能提高压缩机电动机起动转矩,广泛用于电阻分相式起动继电器和电容起动、电容运转起动继电器的压缩机驱动电路中。

PTC 起动继电器具有独特的温度电阻特性,即当温度达到某一特定范围时,其阻值会发生突变,称为 PTC 特性。它的外形及结构如图 2-17 所示。

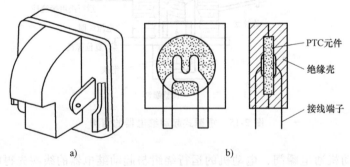

图 2-17 PTC 起动继电器的外形及结构示意图
a) 外形 b) 结构示意图

图 2-18 所示为 PTC 起动继电器电路图。PTC 从起动进入稳定工作状态仅需 3min,流经 PTC 元件的电流为 10~20mA,采用 PTC 元件起动,时间很短,仅为 1~2s。

PTC起动继电器具有以下特性：在正常室温下的电阻值很小，当达到某一温度时，电阻值会急剧增大数千倍，这一温度称为临界温度（又称居里点或临界点）。临界点可根据不同用途，通过调整原料配方来满足不同的温度要求。电冰箱压缩机所用的PTC元件的临界温度一般为50~60℃。

PTC起动继电器的工作原理：压缩机开始起动时，PTC元件的温度比较低，电阻较小（仅几十欧），可近似地视为直通电路。起动过程中的电流如前所述，要比正常运行电流高4~6倍。大电流使PTC元件的温度迅速升高，当温度升至临界温度后电阻值突然增大至数万欧，通过的电流又大幅度下降到很小的稳定值。由于此电流很小，可忽略不计，可近似地视为断路，故PTC起动继电器又称为无触点起动器。这种起动器的特点是：无运动零件、无噪声、可靠性较好、成本低、寿命长，对电压波动的适应性较强。电压波动只影响起动时间，使其产生微小的变化，不会产生触点不能吸合或不能释放的问题。而且，PTC起动继电器对压缩机的匹配范围较广，因此在电冰箱中被广泛采用，并且有可能逐步代替重锤式起动继电器。另外，使用PTC起动继电器的电冰箱在停机后仍需要消耗3W左右的电能。

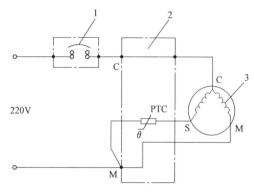

图2-18　PTC起动继电器电路图
1—碟形热保护器　2—PTC起动继电器
3—压缩机电动机

选择PTC起动继电器时，耐压要大于320V以上，要根据压缩机在最高操作电压下的最大电流来选择PTC的电阻值。PTC动作时间也要与压缩机起动时间相对应，以保证压缩机有足够的加速时间。一般冷态起动压缩机，所选PTC的起动时间要大于0.15s，因它无吸合与释放电流要求，能适应较大功率范围的压缩机。但又由于PTC的热惯性，停机后必须间隔3~5min后才能再次起动，若在高电阻（20kΩ）下起动压缩机，起动绕组相当于开路，不能起动，但运行绕组则已通过大电流，会导致压缩机绕组发热，甚至烧毁压缩机。

（3）电流起动继电器故障检修　目前我国电冰箱所采用的起动继电器有两种，即重锤式起动继电器和PTC起动继电器。

1）重锤式起动继电器常出现的故障为触点烧坏、触点粘连和电流线圈烧坏。触点烧坏、触点粘连可用万用表R×1档进行检测。将两表笔的探针插入起动继电器的两个插头内，起动继电器的平面向上，线圈向下垂直放置。若万用表指针指示阻值为零，表明触点粘连；若万用表指针不动，表明其阻值为无穷大，将起动继电器反过来倒立放置，即平面向下、线圈向上，若万用表指针仍然不动，表明为触点烧坏、氧化层过厚或接触不良。正常完好的起动继电器正置放时，万用表指针不动；倒置放时，万用表指针指示为零。如果出现触点烧坏或粘连，应将顶盖上的固定螺钉拆下，取出动、静触点，用细砂纸磨光后装入即可使用。

电流线圈烧坏则需对线圈进行重新绕制。绕制时，将原线圈拆下去漆皮，测出直径和长度，采用同径的电磁线，长度增长10%左右，一圈一圈绕好。然后将绕好的起动继电器接在压缩机上试验。通电后能起动，但起动触点不断开，表明磁力过大，应立即切断电源，将新绕的线圈拆下 1~2 圈,再通电试验,直至电动机起动正常。选择线圈时不要将线选短,否则不能起动时再增加线圈,会出现多处接头,引起其他故障。

2) PTC 起动继电器故障检修。PTC 起动继电器受潮后,其电阻值迅速下降,并失去起动作用,这时可将 PTC 起动继电器放入烘箱内进行干燥处理,烘箱温度控制在 140~150℃,时间为 3h 左右即可。如果 PTC 起动继电器的工作电流超过了它的额定电流,PTC 将因过热而破损,这时只能更换 PTC 起动继电器。

2-2 各类继电器的工作过程

各类继电器的工作过程可扫描二维码 2-2 进行学习。

任务实施

步骤	实 施 内 容
1	将学生分成若干个小组,每个小组领用各系列的继电器若干
2	对继电器进行拆装,熟悉其内部结构并分析其工作原理
3	用万用表测量继电器在手动闭合和断开状态下各主触点和辅助触点的电阻,并做记录
4	用万用表检测中间继电器线圈电阻,并记录电阻值

检测与评价

1. 小组讨论

组长召集小组成员讨论,交换意见,形成初步结论。

2. 制作张贴海报

1) 列出继电器结构特点与应用场合。

2) 画出继电器典型接线图。

3) 描述继电器可能出现的故障。

3. 小组代表陈述

1) 每组推举 3 名学生,一名学生陈述:继电器应用场合、结构特点及检修方法,另两名学生进行测量演示。要求脱稿陈述,不足之处组员可以补充。

2) 其他小组不同看法:每组陈述完后,其他组对陈述组的结论进行纠正或补充。注意:不是争论,而是提出不同的看法。

4. 老师点评及评优

指出各组的训练过程表现、海报完成情况以及完成任务的认真度,老师和活动组共同选出优胜组,填写表 2-5。

表 2-5 任务考核评分标准

组长:　　　　　组员:

序号	评价项目	具体内容	分值	小组自评(30%)	小组互评(30%)	老师评价(40%)	平均分
1	职业素养	细致和耐心的工作习惯;较强的逻辑思维、分析判断能力	5				
		吃苦耐劳、诚实守信的职业道德和团队合作精神	5				
		新知识、新技能的学习能力、信息获取能力和创新能力	5				

(续)

序号	评价项目	具体内容	分值	小组自评（30%）	小组互评（30%）	老师评价（40%）	平均分
2	工具使用	正确使用万用表	15				
3	继电器检修	能正确说出继电器的作用及工作原理、故障检测方法	15				
4	压缩机控制	能对热继电器、交流接触器控制压缩机进行接线	25				
5	总结汇报	海报制作工整、详实、美观	10				
		陈述清楚、流利	10				
		演示操作到位	10				
6	总计		100				

思考与练习

1. 继电器有哪些主要作用？
2. 空调设备常用继电器的主要种类有哪些？
3. PTC 起动继电器有触点吗？简要说明 PTC 起动继电器的工作原理。
4. 小功率继电器一般用在什么地方？其线圈通电电压为多少？触点通电电压为多少？
5. 画出时间继电器线圈和触点的几种图形符号，并写出其文字符号。
6. 解释时间继电器（图 2-9）中①~⑧与 1~4 之间的关系。
7. 热继电器会断开主电路吗？为什么？
8. 指出中间继电器与交流接触器的相同与不同之处。

任务三　压力控制器应用

任务描述

通过进行压力控制器的检测与接线训练，要求熟练掌握压力控制器的结构与原理，了解压力控制器的用途与应用，学会分析压力控制器的故障原因，掌握解决问题的方法。

1) 对压力控制器进行结构与原理分析。
2) 对压力控制器的接线图进行解读。
3) 在冷库和中央空调电控柜上对压力控制器进行接线操作，并注意其安装位置。
4) 分析压力控制器的故障原因。

所需工具、仪器及设备

十字螺钉旋具、一字螺钉旋具、万用表、高低压压力控制器、电源连接线若干。

知识目标

➢ 能描述压力控制器的作用、应用场合及工作原理。

➢ 能描述压力控制器的常见故障。

技能目标

➢ 能对压力控制器的内部结构进行辨识,并分析其原理。
➢ 能对压力控制器进行接线和检修。

知识准备

压力传感控制器简称压力控制器或压力传感器。它是一种由压力信号控制的电气控制器件,即当空调装置中压缩机的排出压力超过调定值或吸入压力低于调定值时,压力控制器的电触点分别切断控制电源,使压缩机停止工作,起到保护和自动控制的作用。常用的压力控制器有高压压力控制器、低压压力控制器和高低压组合压力控制器三种。

一、压力控制器的应用

压力控制器在制冷设备中的应用非常广泛。在冷库、中央空调等中大型制冷设备的制冷系统中,会使用高低压组合压力控制器;在家用柜式空调、多联机和热泵热水机等中小型制冷系统中会单独使用高压压力控制器,有时还同时使用低压压力控制器;在热泵热水机的热水系统中也使用压力控制器。

二、压力控制器的工作原理

图 2-19 所示为高压压力控制器的结构原理,压力正常时感压板向左凸起,当高压压力超过设计值时,感压板向右变形,带动其上的推杆推动可动板与定触点脱离,相线被切断,保护生效。当高压压力恢复到正常值时,感压板带动推杆回弹,可动板又与定触点接触,相线导通。

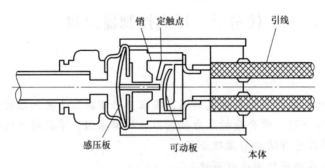

图 2-19 高压压力控制器的结构原理

低压压力控制器与高压压力控制器结构类似,只是压力正常时感压板向右凸起,定触点与可动板前后位置调换。高、低压压力控制器的外形如图 2-20 所示。薄壳式压力控制器已广泛代替老式波纹管压力控制器。

三、压力控制器的种类

1. 高压压力控制器

高压压力控制器需要焊接在压缩机排气管段,以便对系统的高压压力进行限制和保护。

高压压力控制器工作压力的设定值应低于制冷循环高压侧的额定设计压力。

当冷凝器严重积灰、风扇有故障、冷却风量不足、制冷剂过量、系统中存有空气或其他不凝性气体时,会产生过高的排气压力,降低空调器的工作效率和制冷效果,严重时会损坏压缩机。因此,空调器一般都装有高压压力控制器。

2. 低压压力控制器

低压压力控制器需要焊接在压缩机吸气管段,以便对系统的低压压力进行

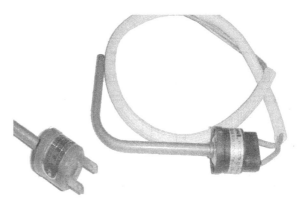

图 2-20 压力控制器外形

限制和保护。低压压力控制器工作压力的设定值应高于制冷循环低压侧的最低设计压力。低压压力控制器的作用是当压缩机的吸气段压力过低时,断开控制电源,使压缩机停止运转,从而避免压缩机受损。有两种情况需要控制吸气低压压力,使其不能过低:当蒸发器翅片严重积灰、室内风机故障导致循环风量减小时,会出现吸气压力低的现象,这种情况使制冷剂不能在蒸发器中完全蒸发,可能导致压缩机液击;压缩机的冷却是靠从蒸发器来的温度较低的制冷剂完成的,当制冷剂不足时,压缩机不能得到很好的冷却,会因为发热而过热保护,或者长期处于次过热状态,使压缩机的绝缘强度下降,加速压缩机的老化损坏,防止制冷剂不足是安装低压压力控制器的主要原因。

3. 高低压组合压力控制器

将高压压力控制器与低压压力控制器组装为一体,则称为高低压组合压力控制器。图 2-21 所示为 KD 型高低压组合压力控制器的结构原理图和接线图,图 2-22 所示为其外形图。在图 2-21a 中,左边为低压控制部分,右边为高压控制部分,高、低压控制触点组成串联保护电路。

低压气体通过毛细管进入低压波纹管,当低压气体的压力大于调定值时,波纹管的弹力通过顶力棒和传动杆,传到微动控制器的按钮上,并按下按钮将电路闭合,压缩机正常运转;当吸气压力低于调定值时,调节弹簧的张力克服波纹管的弹力,把顶力棒抬起,解除传动杆对微动控制器的压力,再由控制器自身的张力使按钮抬起,电路断开,压缩机停止运转。

高压气体通过毛细管进入高压波纹管,当其压力小于调定值时,调节弹簧的压力大于气体压力,将传动螺钉抬起并解除传动杆对微动控制器的压力。微动控制器的按钮靠自身弹力抬起,使电路闭合,压缩机正常运行。如果压缩机排气压力超过调定值,高压波纹管上的压力则通过传动螺钉和传动杆压下按钮,使电路断开,压缩机停止运行。

高低压组合压力控制器的压力限值可以经调节设定,通过转动压力调节盘来调节。以低压为例,当顺时针方向转动压力调节盘时,调节弹簧被压缩,弹力增加,其控制的低压额定值增高;逆时针方向旋转压力调节盘时,则低压额定值降低,可使压缩机的吸排气压力限定在一个安全范围内,无论是高压超过上限或是低压低于下限,压力控制器都断开电路,使压缩机保护性停机,直至压力回复到设定值范围内,能自动接通电路,恢复正常工作。有些压

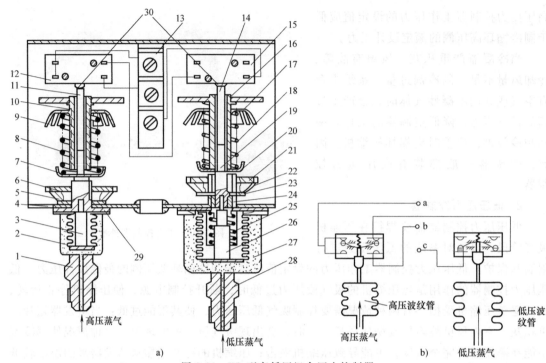

图 2-21 KD 型高低压组合压力控制器
a) 结构原理图 b) 接线图

1、28—高、低压接头 2、27—高、低压气箱 3、26—顶力棒 4、24—压差调节座 5、22—碟形簧片 6、21—压差调节盘 7、20—弹簧座 8、18—弹簧 9、17—压力调节盘 10、16—螺纹柱 11、14—传动杆 12、15—微动开关 13—接线柱 19—传力杆 23、29—簧片垫板 25—复位弹簧 30—传动螺钉
a—接电源进线 b—接事故报警灯或铃 c—接接触线圈

力控制器上设有手动复位装置,是操作者确认故障已排除之用。

四、压力控制器检修

压力控制器是中大型空调系统必不可少的保护装置之一,小型家用空调器中 3 匹及以上的柜式空调也装有压力控制器。不管是高压压力控制器或低压压力控制器,都用来监控系统压力值是否在正常工作范围内,如果系统压力低于或高于设定值时,则断开压缩机主电路进行保护。

检修时,可利用压力传感器控制原理及结构原理进行检修。压力控制器故障主要有两种情况:一是自身问题所引起的故障;二是系统压力异常而导致的保护性故障。不管是哪种故障,都可以在安装前和安装后进行检测。

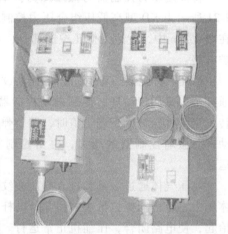

图 2-22 高低压组合压力控制器的外形图

(1) 安装前检测 在一个大气压下对压力控制器进行检测,用万用表电阻档测量其两个接线端子,正常时高压压力控制器是闭合的,低压压力控制器是断开的,否则说明该控制器已损坏。

（2）安装后检测　安装到系统中的高、低压压力控制器，在空调开机时分别监控着系统高、低压压力，当压力低于（或高于）正常设定值时，通过内部构件的作用，断开压缩机主电路，起到保护作用。表 2-6 为空调器制冷系统高、低压正常压力值，所以，判断压力控制器故障与否，可通过两种方法进行。

1）关机状态检测。空调关机时，系统高、低压压力均处于平衡状态，一般为 0.9~1MPa。在这个压力范围下，无论是高压控制器还是低压控制器，其接线端子两端都处于正常接通状态。如果用万用表电阻档检测，发现处于断开状态，说明该压力控制器已经损坏。

2）开机状态检测。空调器正常运行时，其高、低压压力根据所使用制冷剂的不同，以及环境温度的变化，会在一定的范围内波动，但变化不会很大。一旦系统出现故障，如堵塞、制冷剂泄漏、室外机散热效果差等，系统压力会出现异常情况，不但影响正常制冷，还会影响空调设备的使用寿命。

表 2-6　空调器制冷系统高、低压正常压力值

制冷剂	室外环境温度/℃	低压系统		高压系统	
		吸气压力/MPa	蒸发温度/℃	排气压力/MPa	冷凝温度/℃
R22	30	0.47~0.5	4~6	1.25~1.4	35~40
	35	0.48~0.52	5~7	1.4~1.84	40~50
	40	0.58	10	2.2	58

所以，在开机状态下用万用表交流电压档分别对高、低压传感器的接线端子对零线进行检测，正常时，两端子应该都有 220V 交流电压；如果发现与相线进入口连接的接线端子有 220V 电压，而输出端没有 220V 电压，初步判断问题就在该压力控制器。至于究竟是压力控制器本身故障，还是系统压力异常而导致的保护性故障，可通过以下两个方法进行判断。

方法1：先关闭空调器，断开电源，剪断压力控制器上的两条线，把它们短接起来，重新开机试验（这种办法是把该压力保护去掉，判断问题是否在压力控制器），如果系统运行正常，且压力值都在正常范围内，则可以准确判断问题在该压力控制器。此时采取的措施是更换同型号的压力控制器。

方法2：关闭空调器，用压力表检测系统停机时的压力，如果压力正常（一般为 0.9~1MPa），再用万用表电阻档检测压力控制器两个接线端子，这时如果压力控制器本身没问题，两个端子应该是导通的，且电阻为 0Ω。如果两个端子是断开的，说明问题在压力控制器本身。此时采取的措施也是更换同型号的压力控制器。

2-3　高低压力控制器外观及接线

高低压力控制器外观及接线可扫描二维码 2-3 进行学习。

任务实施

步骤	实 施 内 容
1	根据班级人数分成若干个小组，每组选出一位组长
2	组长领取本组训练用高、低压压力控制器
3	对高、低压压力控制器进行拆装，熟悉其内部结构，并分析其工作原理
4	按照接线图用电源线把压力控制器内部的接线柱连接起来
5	制作海报：对压力控制器的作用及接线进行总结

检测与评价

1. 小组讨论

组长召集小组成员讨论，交换意见，形成初步结论。

2. 制作张贴海报

1）列出压力控制器结构特点与应用场合。

2）画出压力控制器的接线图。

3）描述压力控制器可能出现的故障。

3. 小组代表陈述

1）每组推举3名学生，一名学生陈述：压力控制器应用场合、结构特点，以及检修方法，另两名学生进行测量演示。要求脱稿陈述，不足之处组员可以补充。

2）其他小组不同看法：每组陈述完后，其他组对陈述组的结论进行纠正或补充。注意：不是争论，而是提出不同的看法。

4. 老师点评及评优

指出各组的训练过程表现、海报完成情况，以及完成任务的认真度，老师和活动组共同选出优胜组，填写表2-7。

表2-7 任务考核评分标准

组长： 　　　　　组员：

序号	评价项目	具体内容	分值	小组自评（30%）	小组互评（30%）	老师评价（40%）	平均分
1	职业素养	细致和耐心的工作习惯 较强的逻辑思维、分析判断能力	5				
		吃苦耐劳、诚实守信的职业道德和团队合作精神	5				
		新知识、新技能的学习能力、信息获取能力和创新能力	5				
2	压力控制器检修	能正确说出压力控制器的作用及工作原理、故障检测方法	25				
3	压力控制器接线	能正确对压力控制器进行接线	30				
4	总结汇报	海报制作工整、详实、美观	10				
		陈述清楚、流利	10				
		演示操作到位	10				
5		总计	100				

思考与练习

1. 说出压力控制器的应用场合及作用。

2. 高、低压压力控制器分别安装在什么位置？

3. 引起制冷系统压力变化的原因有哪些？

4. 高低压组合压力控制器在保护排气压力不能太高的同时，为什么还要保护吸气压力不能太低？

5. 说说单头压力控制器与组合压力控制器的区别。

6. 压力控制器的常见故障有哪些？

任务四　油压差控制器应用

任务描述

通过对油压差控制器进行检测与接线训练，要求熟练掌握油压差控制器的结构与原理，了解油压差控制器的用途与应用，学会分析油压差控制器的故障原因，掌握解决问题的能力。

1) 用万用表检测油压差控制器的电阻，并记录检测结果。
2) 对油压差控制器进行结构与原理分析。
3) 分析油压差控制器出现故障的原因。
4) 在冷库和中央空调主机上对油压差控制器进行接线操作，并注意其安装位置。

所需工具、仪器及设备

十字螺钉旋具、一字螺钉旋具、万用表、油压差控制器、电源连接线若干。

知识目标

➢ 能描述油压差控制器的作用、应用场合及工作原理。
➢ 能描述油压差控制器的常见故障。

技能目标

➢ 能对油压差控制器的内部结构进行辨识，并分析其原理。
➢ 能对油压差控制器进行接线和检修。

知识准备

一、油压差控制器的定义及应用

油压差传感控制器简称油压差控制器，是感知压缩机压缩腔内润滑油压力与压缩机曲轴箱（等同吸气压力）内的回油压力差是否符合设定值，并通过传导机构和加热装置控制触点通断的传感控制器件。当油压力差小于设定值时，且经一定时间后仍小于某一定值时，与压缩机交流接触器线圈串联的触点断开，自动切断电源，使制冷压缩机停机，避免制冷压缩机的传动部件烧坏。冷库、中央空调等使用半封闭压缩机的中大型制冷设备，均装有油压差控制器，特别是半封闭活塞式和螺杆式压缩机，一定装有油压差控制器。

二、油压差控制器的结构

制冷设备常用 JC-3.5 型油压差控制器，其结构如图 2-23 所示。它适用于以氨、R12、R22 等作为制冷剂的制冷压缩机，起油压保护之用。其主要技术规格如下：

1) 压力差调节范围：0.05~0.35MPa（出厂时调整在 0.1MPa）。

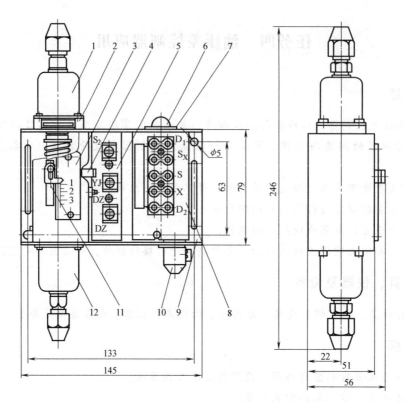

图 2-23 JC-3.5 型油压差控制器的结构

1—低压波纹管 2—定位柱 3—刻度牌 4—跳板 5—压力开关
6—复位按钮 7—复位标牌 8—延时机构 9—外壳 10—进线夹头
11—指针 12—高压波纹管

2）波纹管最大承受压力：1.6MPa。

3）额定工作电压：交流时为 220V/380V，直流时为 220V。

4）延迟时间：（60±20）s。

5）主触点容量：交流时为 220V/380V、1000W；直流时为 220V、50W。

三、油压差控制器原理

JC-3.5 型油压差控制器的动作原理如图 2-24 所示。高压波纹管 2 接润滑油泵出口，低压波纹管 1 接曲轴箱，由两处压力的差值所产生的力由主弹簧 16 平衡，当压差值大于给定值时，角形杠杆 15 处于实线位置，将开关 S_2 与 DZ 接通，使以下两个电路导通：一路电流由压缩机电路的 b 点经 S_2、DZ，正常工作信号灯 14 亮，再回到 a；另一路由 b 点经交流接触器线圈 13、X、S_{SX}、S_X 再回到 a 点，因为热继电器 11 和高低压继电器 20 均处于正常闭合状态，故压缩机电动机的电源接通，压缩机正常运转。

当压差小于给定值时，杠杆 15 逆时针方向偏转（处于细双点画线位置），开关 S_2 与 YJ 接通，正常工作信号灯熄灭，电流由 b 点经 S_2、YJ，电加热器 5、D_1、X、S_{SX}、S_X 再回到 a，此时压缩机仍能运转，但电加热器通电后发热，加热双金属片，约经过 60s 后，双金属片向右侧弯曲程度逐渐增大，直至能推动延时开关 S_{SX} 与 S_1 接通，就切断了交流接触器线圈

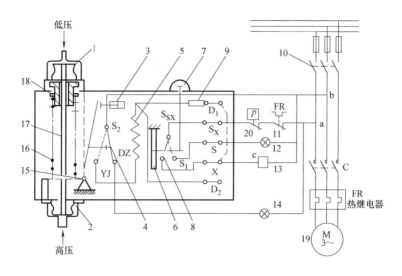

图 2-24 JC-3.5 型油压差控制器的动作原理

1—低压波纹管 2—高压波纹管 3—试验按钮 4—压力差开关 5—电加热器 6—双金属片
7—手动复位按钮 8—延时开关 9—降压电阻（380V 电源用） 10—压缩机电源开关
11—热继电器 12—事故信号灯 13—交流接触器线圈 14—正常工作信号灯 15—杠杆
16—主弹簧 17—顶杆 18—压差调节螺钉 19—压缩机电动机 20—高低压继电器

13 与电加热器 5 的电源，交流接触器脱开，压缩机停止运转，事故信号灯 12 亮，同时电加热器停止加热。

油压差控制器的工作过程及其在电路中的应用可扫描二维码 2-4 进行学习。

在因油压差低于调定值使压缩机停机后，虽已停止对双金属片加热，但它在推动延时开关时，其端部已由自锁机构勾住，冷却后也不能弹回，故不能自动复位再次起动压缩机，待故障排除后，按动手动复位按钮 7，使 S_{SX} 回复到与 X 接通的位置，交流接触器线圈通电，才能再起动压缩机。

2-4 油压差控制器的工作过程及应用

需要注意的是，正因为油压差控制器电路中具有延时机构，才能保证压缩机在无油压差的情况下正常起动，即从压缩机起动到建立正常油压差约需 60s。若无延时机构，则在压缩机刚起动时，因油压小于给定值，油压差控制器的开关 S_{SX} 会立即切断压缩机电动机的电源，造成压缩机无法起动投入工作，也就是说，不能用普通的无延时机构的油压差控制器来作为压缩机油压保护之用。

另外，在起动压缩机时，在延时时间以内（例如不到 60s），虽然已经加热双金属片，但因其弯曲不足，延时开关尚未动作，故压缩机仍在运转，事故信号灯不亮，但因开关已脱离触点 DZ 而未和触点 YJ 相接触，所以短时间内正常信号灯也不亮。

在油压差控制器正面装有试验按钮，供随时测试延时机构的可靠性。在制冷压缩机正常运转过程中，将按钮依箭头方向推动，并保持 60s 以上，模拟油压消失，强迫开关 S_2 合到与 YJ 接通的位置上，使电加热器 5 通电，加热双金属片，如在推动试验按钮的时间内能切断电源而使压缩机停机,则说明延时机构能正常工作,油压差控制器能起到油压保护作用。

JC-3.5型油压差控制器动作后不能自行恢复,故设有人工复位装置。在制冷机故障排除后,须按压复位装置,才能使延时开关触点接通电动机电路,重新工作。此外,尚需待延时机构中的电加热器全部冷却后(约5min)才能工作。

JC-3.5型油压差控制器的前盖正面装有试验按钮,供测试延时机构之用。测试方法是:在制冷机正常工作时,依箭头方向推动按钮,推动时间大于延时时间(此时延时机构中的电热器加热),经一定的延时时间后,如果切断电动机电路,则说明延时机构能正常工作。

四、油压差控制器的安装与接线

安装和调整油压差控制器时,应注意以下几点。

1)高、低压波纹管应分别与润滑油泵排出口及曲轴箱相接通,切勿接反。

2)在与系统电气线路连接时,必须根据工作电压,按线路图连接,图2-24所示为220V接法,如需改用380V,必须将原来X端与D_1的接线拆除,而把X端与D_2连接,以保证系统正常工作。

3)压缩机正常运转所需的油压,对于采用外齿轮油泵,无能量调节的老系列压缩机,一般应为0.075~0.15MPa;对于采用转子式油泵,有能量调节系统的新系列压缩机,应为0.12~0.3MPa。油压给定值可按运行需要自行调整,一般情况调到0.15MPa左右即可。

4)油压差控制器接上电源后,必须按下复位按钮才能正常工作,否则不能起动,会误认为有事故,实为正常。

5)在延时机构工作过一次后,要等待5min,待电加热器全部冷却才能恢复正常工作。

油压差控制器典型接线图如图2-25所示,当油压差控制器正常时,微动开关1和3点接通,正常工作信号灯亮,而且接触器线圈正常导通,压缩机电动机工作;当压缩机内出现缺油或油路堵塞,油压差控制器正常压差范围不能建立时,通过油压差控制器内部杠杆机构的动作,微动开关由原来的1和3点相通,变为1与5点接通,正常工

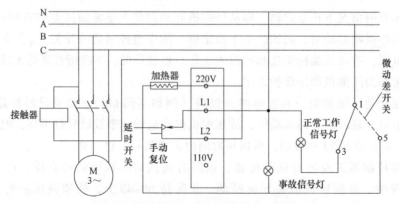

图2-25 油压差控制器典型接线示意图

作信号灯熄灭，事故信号灯点亮，同时给电加热器通电，电加热器工作 60s 左右，手动复位处的双金属片在电加热器的烘烤下出现变形，使 L1、L2 断开，导致接触器线圈零线回路被切断，压缩机电动机停止工作。图 2-25 中的正常工作信号灯和事故信号灯支路可以不接。

五、常见故障及维修

油压差控制器本身常见的故障有以下几个方面。

（1）**压力差值漂移**　如果接在油管路上的高、低压油压表正常，而油压差控制器频繁出现保护现象，则可能是压力差值漂移，这时可以调节油压差调节齿轮进行校正。

（2）**波纹管泄漏**　这种情况需要更换油压差控制器。

（3）**触点损坏**　如果油压差正常，而触点不能正常工作，则用万用表检测压力差触点和延时触点的通断情况，触点若损坏，须更换油压差控制器。

（4）**双金属片失灵**　这种情况会导致延时时间与 60s 相差很多，或不能产生延时，压缩机得不到保护，须更换油压差控制器。

（5）**电加热器损坏**　将导致不能断开延时开关，压缩机得不到保护，须更换油压差控制器。

（6）**复位开关失效**　不能复位，压缩机一直不能工作，须更换油压差控制器。

任务实施

步骤	实施内容
1	根据班级人数分成若干个小组，每组选出一位组长
2	组长领取本组训练用油压差控制器
3	对油压差控制器进行拆装，熟悉其内部结构，并分析其工作原理
4	按照接线图用电源线把油压差控制器内部的接线柱连接起来
5	制作海报：对油压差控制器的作用及接线进行总结

检测与评价

1. 小组讨论

组长召集小组成员讨论，交换意见，形成初步结论。

2. 制作张贴海报

1）列出油压差控制器的结构特点与应用场合。

2）画出油压差控制器的接线图。

3）描述油压差控制器可能出现的故障。

3. 小组代表陈述

1）每组推举 3 名学生，一名学生陈述：油压差控制器的应用场合、结构特点，以及检修方法，另两名学生进行测量演示。要求脱稿陈述，不足之处组员可以补充。

2）其他小组不同看法：每组陈述完后，其他组对陈述组的结论进行纠正或补充。注意：不是争论，而是提出不同的看法。

4．老师点评及评优

指出各组的训练过程表现、海报完成情况以及完成任务的认真度，老师和活动组共同选出优胜组，填写表2-8。

表2-8 任务考核评分标准

组长：　　　　　　　组员：

序号	评价项目	具体内容	分值	小组自评（30%）	小组互评（30%）	老师评价（40%）	平均分
1	职业素养	细致和耐心的工作习惯较强的逻辑思维、分析判断能力	5				
		吃苦耐劳、诚实守信的职业道德和团队合作精神	5				
		新知识、新技能的学习能力、信息获取能力和创新能力	5				
2	油压差控制器检修	能正确说出油压差控制器的作用及工作原理、故障检测方法	25				
3	油压差控制器接线	能正确对油压差控制器进行接线	30				
4	总结汇报	海报制作工整、详实、美观	10				
		陈述清楚、流利	10				
		演示操作到位	10				
5		总计	100				

拓展任务一　冷库电控柜接线

结合图2-26所示的冷库电气控制原理图，分析其控制原理，并完成冷库电控柜的接线。

拓展任务二　中央空调电控柜接线

结合图2-27所示的中央空调电气控制原理图，分析其控制原理，并完成中央空调电控柜的接线。

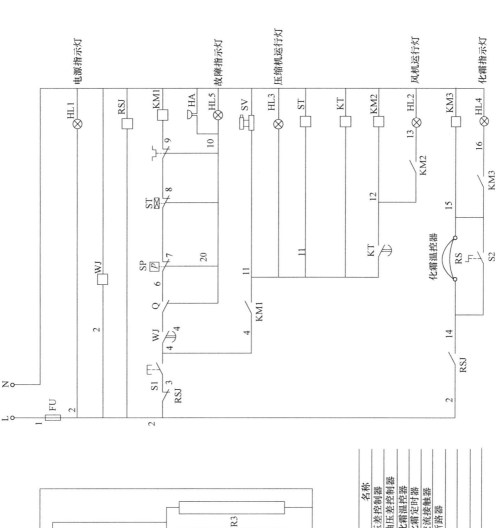

图 2-26 冷库电气控制原理图

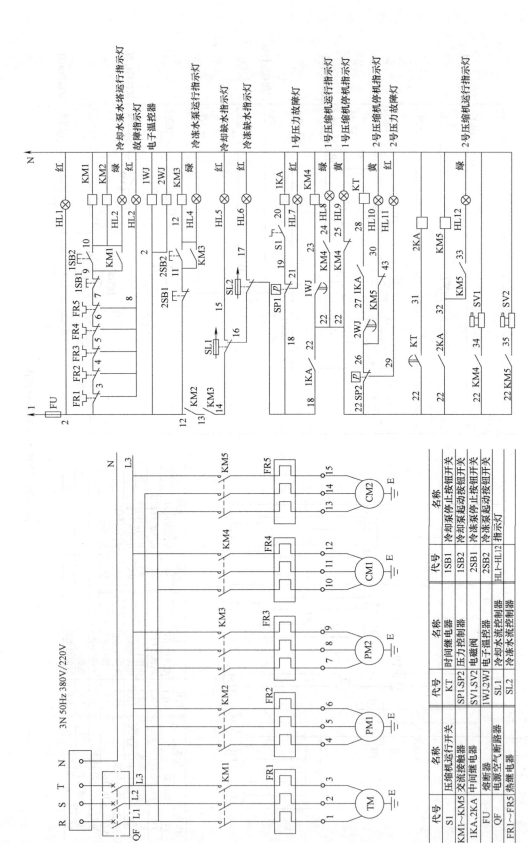

图 2-27 中央空调电气控制原理图

思考与练习

1. 描述油压差控制器的作用及应用场合。
2. 叙述油压差控制器的控制原理。
3. 安装和调整油压差控制器时,应注意什么问题?
4. 油压差控制器设定的压差是指哪两个压力之差?

任务五　温度传感控制器应用

任务描述

通过对温度传感控制器进行检测与接线的训练,要求熟练掌握温度传感控制器的结构与原理,了解温度传感控制器的种类、用途与应用,学会根据故障现象去分析温度传感控制器故障的原因,并能检修温度传感控制器。

1) 了解温度传感控制器的种类及应用场合。
2) 用万用表检测温度传感控制器的电阻,并记录结果。
3) 对温度传感控制器进行结构与原理分析。
4) 分析温度传感控制器出现故障的原因。
5) 分别在电冰箱上找出温度传感控制器、过载保护器,进行拆、装训练。旋转温度传感控制器旋钮,并测量其通断情况;在冷态下测量过载保护器是否导通。

所需工具、仪器及设备

十字螺钉旋具、一字螺钉旋具、万用表、温度传感控制器、过载保护器。

知识目标

➤ 能描述温度传感控制器的作用、应用场合及工作原理。
➤ 能描述温度传感控制器的常见故障。

技能目标

➤ 能对温度传感控制器的内部结构进行辨识,并分析其原理。
➤ 能对温度传感控制器进行接线和检修。

知识准备

一、温度传感控制器的作用

温度传感控制器简称温控器,是一种根据被控对象的温度升高或降低来使压缩机工作或停止,从而使被控对象温度达到所要求范围的检测器件。

温度传感控制器的优点是结构简单,维修方便,价格低廉,使用广泛。目前小型空调设备控制系统中常采用此类温度控制器,用于机械控制式电冰箱、冷库、饮水机等温度控制系统中。其主要缺点是精度低、易损坏，易因老化而产生温度漂移，不能显示温度值等。

除了用于制冷设备控制系统外，温度传感控制器还作为电开水瓶、电热水器、电饭煲、消毒柜、咖啡壶等家用电器的控温或安全保护器件。其类别有手动复位式温度传感控制器、突跳式自动复位温度传感控制器、温度熔断器、过载保护器等。

二、机械式温度传感控制器的结构及工作原理

机械式温度传感控制器主要以压力控制形式为主，即将温度波动信号通过感温包转变为压力信号，然后通过传动机构将压力信号转变为位移信号，控制触点的开闭，从而接通或断开执行元件的电路。常用机械式温度传感控制器有波纹管式温度传感控制器、膜盒式温度传感控制器、复式温度传感控制器等。下面根据机械式温度传感控制器的不同使用场合进行介绍。空调器常用的机械式温度传感控制器的外观如图2-28所示。

图2-29所示为波纹管式与膜盒式温度传感控制器内部结构图，它们均由感温包、毛细管和微动开关组成。感温包、毛细管和波纹管组成一个密封的容器，内充氟利昂工质。通常

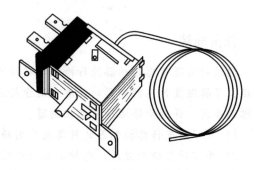

图2-28 空调器用机械式温度传感控制器的外观

将感温包安装在空调器的进风口处，当进风口温度发生变化时，容器内的工质将产生相应变化，而且通过毛细管传至波纹管，使波纹管对杠杆产生的顶力矩与弹簧拉力矩相抗衡。当感温包的温度恒定时，顶力矩与弹簧拉力矩使杠杆平衡在某一位置，从而带动微动开关动作，使控制对象（压缩机）处于工作或停止状态。

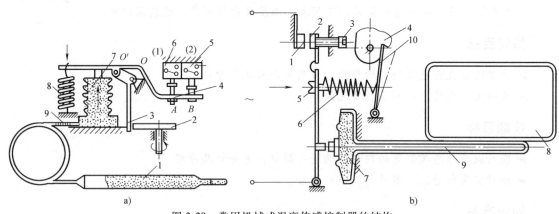

图2-29 常用机械式温度传感控制器的结构
a) 波纹管式
1—感温包 2—偏心轮 3—曲杆 4—杠杆 5、6—微动开关 7—波纹管 8—弹簧 9—毛细管
b) 膜盒式
1—静触点 2—动触点 3—温差调节螺钉 4—温度调节凸轮（外部旋钮） 5—温度范围调节螺钉
6—平衡弹簧 7—感压腔 8—蒸发器 9—感温包 10—压板

其动作过程如下：

在图2-29a中，若感温包感受的温度高于设定值，则波纹管产生的顶力矩增大，使杠杆

绕支点 O' 沿顺时针方向转动，在 A、B 两点脱离微动开关，开关在自身弹力作用下复位，触点闭合，压缩机处于工作状态；相反，若感温包感受的温度低于设定值，则波纹管的顶力矩减小，杠杆绕支点 O' 沿逆时针方向转动，在 A、B 两点按压微动开关，触点断开，切断电源，压缩机处于停止工作状态。

温度传感控制器的温控设定值可通过调节偏心轮的位置获得。当旋动偏心轮使曲杆绕 O 点左移时，O' 支点上移，弹簧拉力矩增大，温度控制的设定值将提高；反之，则温度控制的设定值降低。

在图 2-29b 中，当温度下降到温度传感控制器的调定下限值时，感温包内的压力减小，压板在弹簧力的作用下复位，开关触点断开，压缩机处于停止状态；反之，当室内温度升高时，感温包内的压力升高，则膜盒内的感温剂膨胀，顶力矩增大，压板被顶起，开关触点闭合，压缩机处于工作状态。如此周而复始。

膜盒式温度传感控制器也可以通过调节调温旋钮（即温度调节凸轮4）来调节设定温度，当顺时针方向旋转旋钮时，凸轮圆弧增大，使弹簧拉力矩增大，温度控制的设定值将增大；反之，则温度控制的设定值降低。

三、机械式温度传感控制器故障与检修

温度传感控制器失灵是电冰箱控制系统出现故障的主要原因之一。当制冷温度达到且低于设定温度时还不停机，原因可能是感压腔老化不能收缩或温差调节螺钉松动（温差调节螺钉出厂已调好，一般不用调节）。这时可拆下温度传感控制器，将外部旋钮（温度高低调节凸轮）调到"1"档位置，常温下用指针式万用表 R×1k 档测量温度传感器的两个（带门灯的温度传感器有三个接线端子）接线端子是否接通，接通为正常，否则为故障。

再把温度传感控制器放到另一台好的电冰箱冷冻室冷冻 10min 左右，拿出来立即用指针式万用表 R×1k 档进行端子测量，正常时，电源输入端（H）与压缩机公共端端子 c 应断开，如接通则说明故障。解决办法：更换同型号的温度传感控制器。

温度传感控制器的另一个故障是感温包制冷剂泄漏，导致制冷设备不开机。温压转换部件由感温包和感压腔组成一个相通的密闭系统，其内部充入的感温剂一般为氯甲烷 R40（CH_3Cl）或氟利昂 R12（CF_2Cl_2）。通过感温包感知冷藏室内温度升高或降低，促使感压腔内感温剂的压力变化，控制压缩机的开停，达到温度控制的目的。当制冷剂泄漏时，内部压力等于大气压，故不能推动触点闭合。

触点接触不良或粘连对于较大功率压缩机也是常见的故障。

四、电阻式温度传感器

电阻式温度传感器俗称感温头或温度探头，属于电子式温度传感器，在家电控制系统中普遍作为感受特定部位温度的传感元件，并将温度信号转变为电压信号来控制系统按规定模式运行。制冷设备常使用的电阻式温度传感器主要为直热式负温度系数热敏电阻（NTC），即在工作范围内，其电阻值随阻体温度增加而减小。其外形如图 2-30 所示。

图 2-30 空调用电阻式温度传感器

1. 电阻式温度传感器在制冷设备中的应用

根据制冷设备所工作温度的不同，电阻式温度传感器分为冷冻型、冷藏型、空调型等类型。根据其检测位置的不同，可分为环境温度传感器、管温传感器和室外化霜温度传感器三种。

表2-9为国内空调行业普遍使用的电阻式温度传感器阻值与温度的关系。

表2-9　典型电阻式温度传感器阻值与温度的关系

温度/℃	阻值/kΩ	温度/℃	阻值/kΩ	温度/℃	阻值/kΩ	温度/℃	阻值/kΩ
-10	62.2756	11	19.6891	32	7.2946	53	3.0707
-9	58.7079	12	18.7177	33	6.9814	54	2.9590
-8	56.3649	13	17.8005	34	6.6835	55	2.8442
-7	52.2438	14	16.9341	35	6.4002	56	2.7382
-6	49.3161	15	16.1156	36	6.1306	57	2.6368
-5	46.5725	16	15.3418	37	5.8736	58	2.5397
-4	44.0000	17	14.6181	38	5.6296	59	2.4468
-3	41.5878	18	13.9180	39	5.3969	60	2.3577
-2	39.8239	19	13.2631	40	5.1752	61	2.2725
-1	37.1988	20	12.6431	41	4.9639	62	2.1907
0	35.2024	21	12.0561	42	4.7625	63	2.1124
1	33.3269	22	11.5000	43	4.5705	64	2.0373
2	31.5635	23	10.9731	44	4.3874	65	1.9653
3	29.9058	24	10.4736	45	4.2126	66	1.8963
4	28.3459	25	10.0000	46	4.0459	67	1.8300
5	26.8778	26	9.5507	47	3.8867	68	1.7665
6	25.4954	27	9.1245	48	3.7348	69	1.7055
7	24.1923	28	8.7198	49	3.5896	70	1.6469
8	22.5662	29	8.3357	50	3.4510	71	1.5907
9	21.8094	30	7.9708	51	3.3185		
10	20.7184	31	7.6241	52	3.1918		

2. 电阻式温度传感器常见故障与检修

（1）阻值漂移　电阻式温度传感器探头处于温湿度变化大、风吹日晒的场所，很容易老化龟裂而出现阻值漂移情况，导致空调制冷（热）不正常。对电阻式温度传感器的检修可采用电阻检测法，即把万用表调到电阻档，用两表笔分别检测传感器两端，对照表2-9温度对应的阻值进行比较，如果与表中的参数差异较大，说明该电阻式温度传感器已损坏，更换同阻值范围的传感器即可解决问题。

（2）传感器开路或短路　对于传感器开路与短路问题，一般芯片自己能判断并自动保护（如：采样电压大于4.94V，认为短路；采样电压小于0.06V，认为开路）。如用万用表电阻档进行检测，传感器两端阻值为0Ω时，为短路；阻值为∞时，为开路。其操作方法如图2-31所示。

3. 电阻式温度传感器安装位置的选择

为感受温度点的准确,各电阻式温度传感器必须固定安装在相应位置,尤其是各个蒸发器(冷凝器)的管温传感器,必须紧贴其上并良好接触,环境温度传感器则不能离换热器太近,否则会造成长时间不开机或开停机频繁;传感线及感温部分必须密封完好,无破损、折裂,避免水分入侵造成参数漂移。

五、其他机械式温度控制器件

图 2-31 传感器故障电阻法检测操作

制冷设备中温度传感器的种类很多,除用于温度调节外,有的还起安全保护作用,如过热保护、过电流保护等。

1. 陶瓷突跳式自动复位温度传感器

陶瓷突跳式自动复位温度传感器如图 2-32 所示,主要用作空调压缩机顶部温度超过 105℃时断开主电路,保护压缩机,还用于饮水机等家用电器上。其工作原理是:利用碟片型双金属片作为感温元件,当温度升至某值时,碟片突跳,传动触点迅速动作;当温度降至某值时,碟片复位,触点也随之恢复至原来状态,达到通断电路的目的。它具有体积小、重量轻、不拉弧、可靠性高、寿命长、对无线电干扰少等特点。

使用注意事项:

1)封盖感温面应与被控温度的空间或导热壳体相接触,并保持感温面清洁。

图 2-32 陶瓷突跳式自动复位温度传感器

2)封盖感温面不准接触液体和受压变形;接线时,端子不能弯折变形。

3)接至本温度传感器端子的导线截面积:5A 为 $0.5 \sim 1 mm^2$;10A 为 $0.75 \sim 1.5 mm^2$;15A 为 $1.5 \sim 2.5 mm^2$。

2. 温度熔断器

温度熔断器也起过热保护作用。当电路、零部件表面、系统电流过大或温度过高时,温度熔断器弹开或烧断,防止部件在故障情况下超温发生危险,从而避免意外的发生。

温度熔断器用于无霜电冰箱的加热除霜回路中,是一种超温保护用安全元件,可避免因为加热除霜控制回路故障导致的高温及火灾隐患。当温度达到设定温度时,它能够发生一次性动作而不能复位。电冰箱中使用的温度熔断器的动作温度一般为 72℃。

温度熔断器还适用于电动机、镇流器等各类电工、电子设备和家用电器中部件的过热保护,其外形、结构如图 2-33 所示。温度熔断器为密封式结构,在较为恶劣的环境下可保持正常工作;当外壳为金属时,其金属外壳为带电体,安装时务必使用厂家专门配备的高温绝缘套。

选用温度熔断器时应注意选择适合其工作电压和工作电流的规格,安装时应注意引线接入良好，防止虚接引起发热，从而影响热保护器的正常工作。

工作原理：从图2-33b可以看出，在动作前，引出线与动触片在断路弹簧4与压缩弹簧7的压力下保持良好的接触，并通过金属外壳构成导电通路。当温度熔断器感受到的温度超过其动作温度时，感温体熔融，压缩弹簧释放，在断路弹簧推力的作用下，引出线与动触片迅速脱离，切断电源，起到保护作用。这种温度熔断器的感温体不会变质，稳定性好，动作温度精度高，电流容量也较大，同时响应速度快，但应用中应注意，其金属外壳带电。

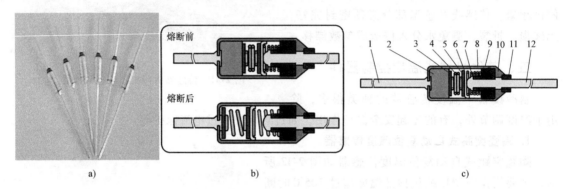

图2-33 温度熔断器
a）外形图 b）工作原理 c）结构图
1—引出线 2—感温体 3、5—垫片 4、7—弹簧 6—动触片 8—金属外壳 9—瓷套 10—密封胶 11—瓷管 12—触点线

3. 过载保护器

过电流保护器和过热保护器统称为过载保护器，是压缩机电动机的安全保护装置。当压缩机负载过大或发生某些故障，电压过低或太高而不能正常起动时，都会使电动机的电流增大。如果电流超出允许范围，过电流保护器即切断电源，使电动机绕组不致被烧毁。在电冰箱制冷系统发生制冷剂泄漏后，压缩机不能停机时，电动机的工作电流要比其额定值稍低（此时过电流保护不起作用），但由于回气冷却作用减弱，再加上温度传感器无法使其停机，压缩机连续运转，电动机的温度会升高。当电动机的温度超过允许范围时，过热保护器就会切断电源，保护电动机绕组不致被烧坏。

小型空调器热动过电流保护器呈碟状，紧压在压缩机外壳上，能感受压缩机外壳温度和过电流，无论哪一项超过规定允许值，都会使热继电器触点断开，压缩机停止运转。过电流保护器一般与压缩机主回路串联，由电热丝和双金属片构成，正常时触点为常闭状态，主要用于分体式和窗式压缩机中。其结构如图2-34所示。

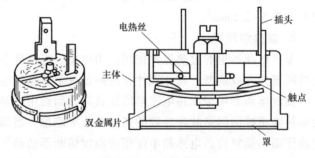

图2-34 过电流保护器

过载保护器按功能分，有过电流保护器和过热保护器；按结构分，有以双金属片制成的条形或碟形热保护器和PTC热保护器。双金属片制成的各种热保护器，都是利用双金属片受热产生挠曲变形的特点来切断或接通电源的。PTC热保护器的工作原理与PTC起动器相

同，只是临界温度不同而已。

在电冰箱用压缩机中，使用最多的是碟形热保护器。

（1）碟形热保护器 碟形热保护器是目前使用较多的一种热保护器，尤其应用在小型全封闭压缩机中。其内部结构及工作原理如图 2-35 所示。

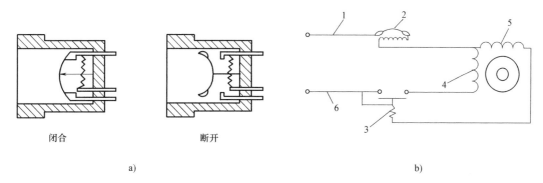

图 2-35 碟形热保护器的内部结构和工作原理示意图
a）内部结构及两种状态 b）接线方式
1—电源相线 2—过载保护器 3—重锤式起动器 4—起动绕组 5—运行绕组 6—电源中性线

碟形热保护器具有过电流保护和过热保护的双重功能，一般都装在压缩机接线盒内，并紧贴于压缩机表面。当电流过大时，电热丝发热量增大，碟形双金属片受热向上弯曲，使触点断开，切断电源。断电后温度逐渐下降，双金属片又恢复至正常位置，触点闭合，使电源接通。当电流正常，但压缩机壳温过高时，碟形双金属片会因受热变形而切断电源。当壳温下降后，双金属片又恢复至正常位置，使触点闭合，接通电源，压缩机重新起动。

（2）内埋式热保护器 一些空调压缩机的保护器没有贴在压缩机顶部，而是埋藏在压缩机内部。压缩机内埋式热保护器按结构可分为以下两种。

1）单相压缩机内埋式热保护器。单相压缩机内埋式热保护器的结构如图 2-36 所示，其内部装有双金属片，埋在压缩机电动机绕组中，直接感受绕组的温度。当绕组温度升高至额定值时，触点断开，切断电动机内部线圈的电源，压缩机停止工作；当绕组温度降低后，双金属片触点自动闭合。

2）三相压缩机内埋式热保护器。三相压缩机内埋式热保护器为星形过电流保护器，其外形为一个圆形接插件，固定在压缩机定子铁心上，如图 2-37 所示。当压缩机过电流时，热保护器断开，使压缩机停止运行，其内部接线示意图如图 2-38 所示。正常时三个接插件之间导通，如不导通说明已损坏。此保护器只能在切开压缩机后才能测量，如测量压缩机线圈绕组导通，说明该保护器正常。

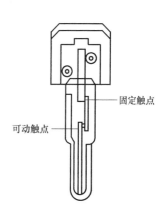

图 2-36 单相压缩机内埋式热保护器的结构

（3）过载保护器故障与检修 过载保护器的常见故障有双金属片不能复位、线圈烧坏、触点粘连等。

1）常用的双金属片式过载保护器的检查。

图 2-37 三相压缩机内埋式热保护器外观（35HM 系列）

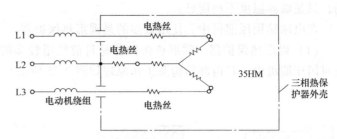

图 2-38 三相压缩机内埋式热保护器接线示意图

① 触点检查。通常情况下，过载保护器的触点是常闭触点，当用万用表电阻档测定其触点时，应为通路状态，其阻值应为零。过载保护器发生动作后，其触点将断开。

② 加热元件检查。加热元件一般为一个加热电阻，其阻值较小，当用万用表电阻档测量时，应有较小的电阻。否则，加热元件为不正常。

2）过载保护器故障检修。

① 过载保护器不动作。触点接触不良时，应清除触点表面灰尘或氧化物；触点端子接线不良时，应紧固接线；电流整定值偏大时，应调整螺钉、减小电流；动作机构受卡时，调整后加适量润滑油。

② 过载保护器动作过快。动作电流值过小，应重新调整动作电流；加热元件螺钉松动，连接处电阻发热量增大，应紧固连接螺钉；过载保护器散热不好，应调整其安装位置，改善散热条件。

③ 加热元件损坏。应更换过载保护器。更换过载保护器时应选择与原有型号、规格相同的过载保护器。安装时要使过载保护器的底部紧紧地压在压缩机外壳上，这样有利于双金属片动作，增加对机壳内温升的敏感性。

4. 电冰箱用磁控温度开关（温度自感应开关）

磁控温度开关是一种温度敏感控制器件，使器具电路在预设定的温度范围内接通或断开。它是由干簧管、铁氧体磁环等组成的温度控制元件，如图 2-39 所示，具有控温精度高、性能稳定、可靠性高等优点。

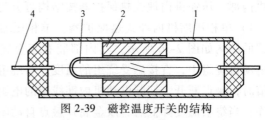

图 2-39 磁控温度开关的结构
1—外壳　2—磁环　3—干簧管　4—引线

磁控温度开关在电冰箱中用于自动温度补偿，开关触点状态根据环境温度的变化自动转换。如当温度小于10℃时触点导通，温度大于14℃时触点断开，即不需要温度补偿了。

磁控温度开关的干簧管也作为电冰箱的门开关使用。将干簧管埋于冷冻室门框内，磁铁埋于冷冻室门内，当开门时，磁铁离开干簧管，磁力消失，其触点断开风机连线，保证开门时风扇不转。

机械温控器的外观及其在电冰箱中的安装位置以及电路控制原理可扫描二维码 2-5 进行学习。

2-5　机械温控器的外观及其在电冰箱中的安装位置以及电路控制原理

任务实施

步骤	实 施 内 容
1	根据班级人数分成若干个小组,每组选出一位组长
2	组长领取本组训练用温度控制器
3	对温度传感控制器进行拆装,熟悉其内部结构,并分析其工作原理
4	按照接线图对电冰箱温度传感控制器进行接线
5	制作海报:对温度传感控制器的作用与接线过程进行总结

检测与评价

1. 小组讨论

组长召集小组成员讨论,交换意见,形成初步结论。

2. 制作并张贴海报

1) 列出温度传感控制器的结构特点与应用场合。
2) 画出温度传感控制器的接线图。
3) 描述温度传感控制器可能出现的故障。

3. 小组代表陈述

每组推举1名同学陈述:温度传感控制器的应用场合、结构特点,以及检修方法。要求脱稿陈述,不足之处组员可以补充。

4. 老师点评及评优

指出各组的训练过程表现、海报完成情况以及完成任务的认真度,老师和活动组共同选出优胜组,填写表2-10。

表2-10 任务考核评分标准

组长: 组员:

序号	评价项目	具体内容	分值	小组自评（30%）	小组互评（30%）	老师评价（40%）	平均分
1	职业素养	细致和耐心的工作习惯 较强的逻辑思维、分析判断能力	5				
		吃苦耐劳、诚实守信的职业道德和团队合作精神	5				
		新知识、新技能的学习能力、信息获取能力和创新能力	5				
2	温度传感控制器检修	能正确说出温度传感控制器的作用及工作原理、故障检测方法	25				
3	温度传感控制器接线	能正确对温度传感控制器进行接线	30				

(续)

序号	评价项目	具体内容	分值	小组自评（30%）	小组互评（30%）	老师评价（40%）	平均分
4	总结汇报	海报制作工整、详实、美观	10				
		陈述清楚、流利	10				
		演示操作到位	10				
5		总计	100				

思考与练习

1. 简要说明机械式温度传感控制器的工作原理。
2. 简要说明电子式温度传感控制器的工作原理。
3. 电冰箱所使用的温度传感控制器有两个调节螺钉，说明它们各自的调节功能。
4. 风门温度传感控制器有触点吗？属于电气部件吗？它是靠什么调节冷藏室温度的？

任务六　湿度传感控制器应用

任务描述

通过对湿度传感控制器的检测与接线的训练，熟练掌握湿度传感控制器的结构与原理，了解湿度传感控制器的种类、用途与应用，学会根据故障现象分析湿度传感控制器的故障原因。

1）了解湿度传感控制器的种类及应用场合。
2）用万用表检测湿度传感控制器的电阻，并记录。
3）对湿度传感控制器进行结构与原理分析。
4）分析湿度传感控制器出现故障的原因。

所需工具、仪器及设备

十字螺钉旋具、一字螺钉旋具、万用表、各种湿度传感控制器。

知识目标

➢ 能描述湿度传感控制器的作用、应用场合。
➢ 能描述湿度传感控制器的工作原理。

技能目标

➢ 能对湿度传感控制器的内部结构进行辨识，分析其原理。
➢ 能对湿度传感控制器进行接线。

知识准备

空调设备除了可对温度进行控制外，还可对房间内的湿度进行调节，而调节湿度所需的辅助设备是湿度传感控制器。因测量方法不同，湿度控制与温度、压力等参数控制差异较大，故有其自身的特点。湿度控制系统的建立在很大程度上取决于湿度的测量与信号转换方法。

各种湿度控制器的区别在于测量湿度方法的不同。常用的测量湿度的基本方法有露点温度测量法、干湿球温度测量法。常用的湿度传感控制器有干湿球湿度传感控制器、毛发（或尼龙丝）薄膜湿度传感控制器和电阻式湿度传感控制器（分两种：氯化锂电阻式湿度传感控制器、加热式氯化锂湿度传感控制器）、电子式湿度传感器等。

一、干湿球湿度传感控制器

干湿球湿度传感控制器是根据干湿球温度差效应原理制成的。干湿球温度差效应是潮湿物体表面因水分蒸发而冷却的效应，其冷却程度取决于周围空气的相对湿度。相对湿度越小，蒸发强度越大，潮湿物体表面温度（湿球温度）与干球温度差越大；反之，相对湿度越大，蒸发强度越小，潮湿物体表面温度越高，湿度与干球温度之差越小。因此，干湿球温度差与空气的相对湿度形成了一一对应的关系。

通常干湿球传感器与相对湿度比例积分控制器配套使用，组成干湿球湿度传感控制器。干湿球温度的测量采用镍电阻或铂电阻。为使湿球温度计表面风速保持4m/s，传感器上均装有专用小风扇。干湿球温度计在低温时相对误差增大，因为温度降低时，干湿球温差显著减小。为防止湿球温度计纱布套结冰，可在蒸馏水中加入甲醛（福尔马林）水溶液，也可按1∶2的比例把氨加入水中（由于氨味臭，较少用）。

图2-40所示为一种以温包为感湿元件的干湿球湿度传感控制器的结构。两只温包，其中一只套有纱布，纱布一端浸在盛水容器内并保持湿润，一干一湿的两只温包将相对湿度 φ 转变为温度差，再通过毛细管、波纹管转变为压力差，最后使拨臂产生位移，拨动电触点，于是控制器发出电信号。

干湿球湿度传感控制器除靠温包发出信号外，目前较多采用电阻发出信号（如铂电阻、镍电阻）。如国产 CSC-1101 型电子式自动干湿球湿度计，它的湿度控制和上述原理相同，但其敏感元件采用了两只铂电阻计（一干一湿），利用两只铂电阻将空气相对湿度 φ 转变为温差，而温差感应信号再被引入桥式测量电路，反映出不平衡电压，将此电压与给定值比较后再输入放大器作为控制器的输出信号，最后通过执行机构（控制阀）完成对空气湿度的控制。这类湿度控制器可以是电动的，也可以是气动的。

干湿球湿度传感控制器的主要缺点是测量范围有

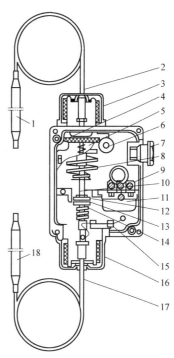

图2-40 干湿球温包式湿度传感控制器
1—低温温包（湿球） 2、17—毛细管
3—低温波纹管组件 4—调节盘
5—主标尺 6、9—接线柱 7—电缆线引入
8—调节弹簧 10—主轴 11—开关
12—上导钮 13—拨臂 14—下导钮
15—接地线 16—高温波纹管组件
18—高温温包（干球）

限制，一般0℃以上较佳，同时必须有专用小风扇吹风，保持湿球表面有4m/s的风速，以保持测量精度，平时需经常保持湿球纱布套湿润清洁，维护工作不可缺少。

二、毛发薄膜湿度传感控制器

毛发（或尼龙丝）在不同的湿度下伸缩率不同，利用其长度发生变化之位移量作为湿度控制信号，通过不同形式的控制器、放大器、执行器来控制空气湿度，即为毛发薄膜湿度传感控制器。

一般经过精选脱脂处理后的毛发，在空气相对湿度增加时会伸长；反之会收缩。通常相对湿度改变10%，伸缩率改变2%，而在相对湿度$\varphi=30\%\sim100\%$范围内，相对湿度与毛发伸缩率成正比关系。如果以一束精选脱脂毛发（或尼龙丝）感受空气相对湿度变化，并通过它把φ的变化转换为位移量，以位移量作为信号去移动控制器的喷嘴挡板及组件，经放大后再去推动执行机构改变控制阀的开度，就构成了毛发式气动湿度控制器。如果以此位移量去移动滑线电阻或启闭电开关，使取出信号放大，就构成了电动湿度传感控制器。

图2-41所示为一种较简单的双位式毛发薄膜湿度传感控制器的结构与工作原理图。该控制器主要由感湿毛发1、乙形杠杆（兼拨臂）2、电触点4、角杠杆6、调节螺钉7、湿度指示标尺5及平衡弹簧3等组成。其工作原理是：当感湿毛发（或尼龙丝）感湿伸缩时，通过乙形杠杆2改变电触点4的位置而启闭蒸汽加湿（或水喷湿）电磁阀，进而达到对空气湿度的控制。如空气湿度下降时，则感湿毛发1收缩，于是乙形杠杆2绕支点做逆时针转动。当湿度下降到某一限值时，乙形杠杆另一端的拨臂便改变触点位置，按通a、b，使蒸汽加湿电磁阀开启，因此空气被加湿。反之，空气经加湿后，湿度不断上升，感湿毛发将逐渐伸长，乙形杠杆在平衡弹簧3的作用下，绕支点做顺时针转动，及至湿度上升到某一上限，触点a、b被切断，蒸汽加湿电磁阀关闭，则空气加湿停止。

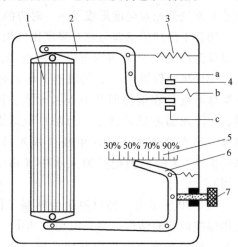

图2-41 双位式毛发薄膜湿度传感
控制器结构与工作原理图
1—感湿毛发 2—乙形杠杆 3—平衡弹簧
4—电触点 5—湿度指示标尺
6—角杠杆 7—调节螺钉

为了达到对不同湿度条件的控制作用，控制器中设有调节螺钉7。通过调节螺钉改变角杠杆位置，即可调节感湿毛发的预紧，以改变湿度控制值。该湿度控制值在角杠杆另一端的湿度指示标尺5上指示出来。此湿度传感控制器所控制的湿度可以任意设定，但湿度的幅差值由仪器本身给定，不能任意调节。

一些尼龙膜片发信的相对湿度控制器，其测量范围为30%~80%；毛发薄膜湿度传感控制器的测量范围为20%~96%；比例带可调范围一般为20%~30%。这类湿度控制器的优点是构造简单、工作可靠、价廉、不需要经常维护，因此在陆用、船用舒适空调中使用很广，虽然其调节精度不高（5%），但对舒适空调的要求是可以满足了。其缺点是：毛发与尼龙膜长时间使用以后，易发生塑性变形和老化，造成相对湿度变化与输出位移量的变化不成线性关系，同时这种传感器的零值与终值也常需调整。虽然毛发式（或尼龙丝）薄膜湿度传感控制器上附有湿度调整螺钉及温度补偿调节装置，但这仍是影响湿度测量精度的因素。

三、电阻式湿度传感控制器

1. 氯化锂电阻式湿度传感控制器

这种湿度传感控制器是利用对空气湿度较为敏感的吸湿材料（如氯化锂）吸湿或除湿后电阻值相应成正比例变化的原理制成的。它根据感湿元件电阻值的变化，得到空气相对湿度的变化，进而通过调节器、执行器达到调节空气相对湿度的目的。

图 2-42 所示为一种电阻式湿度传感控制器的结构原理图。其中感湿元件 2 是一个绝缘的圆柱体（或平板），在圆柱体（或平板）上面平绕（或平排）两根银丝（或铂丝），外面涂上一层吸水性较强的氯化锂涂料，两根银丝互不接触，靠氯化锂涂料层构成回路。氯化锂在两根银丝间形成一定的电阻值，这一阻值的变化取决于氯化锂涂料层的含水量，即取决于空气中相对湿度的变化。感湿元件电阻值又与通过的电流成比例，电流信号的变化经过晶体管放大器放大后，就可以控制蒸汽加湿电磁阀 1 的启闭，从而调节加湿蒸汽的供给，继而调节空气的湿度。

这种湿度传感控制器为双位式，即当空气相对湿度降低到低于湿度给定值下限时，感湿元件电阻值减少，电流改变，通过放大器的作用，开启蒸汽加湿电磁阀，空气被加湿；反之，当空气被加湿而相对湿度上升到湿度调节给定值上限时，则蒸汽加湿电磁阀关闭，停止对空气加湿。

电阻式湿度传感控制器中设有调节旋钮 3，因氯化锂吸水后电阻值的变化不但与空气湿度有关，而且与温度有关，所以要根据所调节的空气相对湿度和感湿元件所处的环境温度，按生产厂给定的关系曲线来决定调节旋钮放在哪一刻度档。实际上，感湿元件 2、调节旋钮 3 与一晶体管放大器构成一个平衡电桥。改变调节旋钮 3 的电阻值既改变了感湿元件的电阻值对放大器的作用，也改变了加湿电磁阀的启闭条件，湿度由此得到调节。

氯化锂电阻式电极为避免产生电解作用，电极两端接交流电，不可使用直流电源。温度对氯化锂电阻传感器有很大的影响，因为氯化锂的阻值不仅与湿度有关，还与温度有关。

图 2-43 所示为各种含量涂层氯化锂传感器测头的电阻值与相对湿度的关系曲线，最常用的规格相对湿度为 45%～70%。使用者必须根据需要，选择合适的测头。

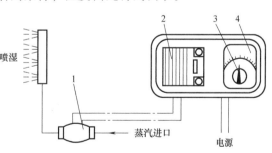

图 2-42 电阻式湿度传感控制器的结构原理图
1—蒸汽加湿电磁阀　2—感湿元件
3—调节旋钮　4—晶体管信号放大器

氯化锂测头量程较窄，为了满足宽量程的需要，要用多个测头。有些厂家将氯化锂测头在 45%～95% 范围内分成三组，并涂以颜色标记，如红色 45%～60%，黄色 60%～80%，绿色 75%～95%。有的厂家将相对湿度 5%～95% 分成四组测头：5%～38%、15%～50%、35%～75%、55%～95%，最高安全工作温度为 55℃。使用时按需要选择测头，并定期更换。由于环境温度对氯化锂的阻值变化有影响，因此，较先进的氯化锂电阻式湿度控制测头均带有温度补偿线圈。选择适当电阻值的补偿线圈，与氯化锂测头分别安装在电桥的两个相邻桥臂上，形成环境温度补偿回路，可以减少甚至消除温度变化对湿度传感器的影响。

使用氯化锂电阻式湿度传感控制器时可根据所需调节的空气相对湿度范围和环境温度，按厂家给出的性能曲线，决定调节旋钮的位置。调节旋钮是一个可变电阻（电位器），由它来决定湿度双位控制器的给定值。

氯化锂电阻式湿度传感控制器的优点是结构简单，体积小，反应速度快，吸湿反应速度比毛发快11倍，放湿反应速度比毛发快1倍多；精度高，可以测出相对湿度±0.14%的变化。故较高精度的湿度调节系统均采用氯化锂电阻式湿度传感控制器。其主要缺点是每个测头的湿度测量范围较小，测头的互换性较差，长时间使用后，氯化锂测头还会老化、剥落，在空气参数 $t=45℃$，$\varphi=95\%$ 以上的高湿地区使用时，更易损坏。

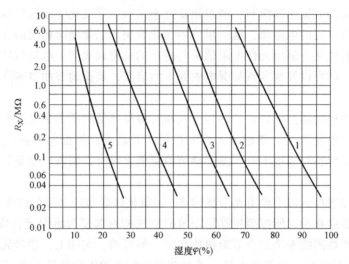

图 2-43　各种含量涂层氯化锂传感器测头的电阻值与相对湿度的关系曲线
1—纯聚乙烯醇缩醛涂层，无氯化锂　2—w（氯化锂）= 0.25%
3—w（氯化锂）= 0.5%　4—w（氯化锂）= 1%　5—w（氯化锂）= 2.2%

2. 加热式氯化锂湿度传感控制器（氯化锂露点湿度计）

在相同温度下，氯化锂饱和溶液的蒸气分压力仅为水蒸气分压力的11%～12%，如要两者压力相等，则需将氯化锂溶液温度升高，如从 t_A 升高至 t_B，则氯化锂溶液在 t_B 时的蒸气压力与水在 t_A 时的蒸气压力相等。

图 2-44 所示为加热式氯化锂湿度传感控制器的原理图与结构图。根据上述原理，在湿度测头刚通电时，测头的温度与周围空气的温度相等，测头上氯化锂的蒸气分压力低于空气中水蒸气分压力。氯化锂从空气中吸收水分，呈溶液状，电阻迅速减小，通过的电流加大，测头逐渐被加热，氯化锂溶液中的水蒸气分压力逐渐升高。当测头温度升到一定值后，氯化锂溶液中的水蒸气分压力等于周围空气的水蒸气分压力，从而达到热湿平衡，氯化锂逐渐成为结晶状态，此时两电极间的电阻逐渐增大，电流减小，此后测头加热量不再增加，维持在一定温度上。因此，根据空气中水蒸气分压力的变化，测头就有一个对应的平衡温度。测得测头的温度，就可知空气中水蒸气分压力的大小，水蒸气分压力是空气"露点"的函数。因此，得出测头的温度，就可知空气的露点温度。

装在加热式氯化锂湿度传感控制器中的电阻温度计（或热敏电阻），在仪表刻度上可用露点温度表示出来。知道了露点温度和空气的干球温度后，即可计算（查出）空气的相对湿度，这样，实际上的测量空气湿度问题，转化成了测定测头温度的问题。

图 2-44b 所示为测头结构。该测头为一直径为 3.5mm 的薄铜管，经绝缘处理后，装上玻璃纤维套，并在玻璃纤维套上绕制两根平行的铂丝电极，再浸氯化锂溶液。铜管内有一对测温用的电阻温度计，通电后测头将发热，建立起氯化锂溶液与周围空气水蒸气分压力的新的热湿平衡。若在露点温度计上读出露点温度，如露点温度为 4.5℃，空气干球温度为 20℃，则相对湿度 $\varphi = 36\%$。

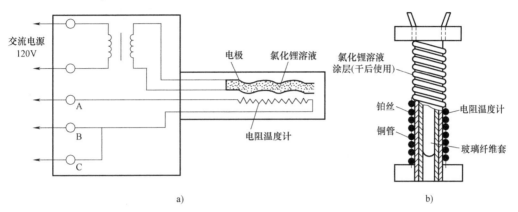

图 2-44 加热式氯化锂湿度传感控制器
a）原理图 b）测头结构

这种湿度传感控制器的优点是每个测头可以有较宽的测量范围。湿度范围为 3%~100%，温度范围为 15~50℃时，可以有效地使用加热式氯化锂湿度传感控制器。但在低温低湿区，这种测头是无法测量的。对于空气中微量水分的测量，可以采用电解式湿度计与电容式湿度计。

四、电子式湿度传感器

随着制冷设备形式和功能的多样化，湿度传感器也得到了越来越广泛的应用，如除湿机和空气水收集设备都会用到湿度传感器。湿度传感器的基本形式都是利用湿敏材料对水分子的吸附能力或对水分子产生物理效应的原理测量湿度。

湿敏元件是最简单的湿度传感器。湿敏元件主要有电阻式、电容式两大类。

湿敏电阻的特点是在基片上覆盖一层用感湿材料制成的膜，当空气中的水蒸气吸附在感湿膜上时，元件的电阻率和电阻值都发生变化，利用这一特性即可测量湿度。

湿敏电容一般是用高分子薄膜电容制成的，常用的高分子材料有聚苯乙烯、聚酰亚胺、酪酸醋酸纤维等。当环境湿度发生改变时，湿敏电容的介电常数发生变化，使其电容量也发生变化，而且其电容变化量与相对湿度成正比。

电子式湿度传感器的准确度可达 2%~3%RH，这比干湿球测湿精度高。湿敏元件的线性度及抗污染性差，在检测环境湿度时，湿敏元件要长期暴露在待测环境中，很容易被污染，进而影响其测量精度及长期稳定性，因此其这方面没有干湿球测湿方法好。图 2-45 所示为 AM2301 电容式数字温湿度传感器，它由一个电容式感湿元件和一个高精度 NTC 测温元件组成,并与一个高性能 8 位单片机相连。表 2-11 为 AM2301 电容式数字温湿度传感器的技术参数。

湿度传感器在生活中的应用可扫描二维码 2-6 进行学习。

图 2-45　AM2301 电容式
数字温湿度传感器

2-6　湿度传感器
在生活中的应用

表 2-11　AM2301 电容式数字温湿度传感器技术参数

名　称	温湿度模块	图　片	
供电电压(V_{in})	DC3.3~5.5V		
输出信号	单总线数字信号		
显示分辨率	0.1℃ 或 0.1%RH		
湿度检测范围	0%~99.5%RH		
温度检测范围	-40~80℃		
湿度检测精度	±3%RH		
温度检测精度	±0.5℃		
采集周期	1/e(63%)<10s		
保存湿度范围	95%RH 以下(非凝露)		
保存温度范围	0~80℃	产品质量	13.78g
产品外壳材质	ABS 塑料(抗冲击性、耐热性、耐低温性、耐化学药品性及电气性能优良)		

任务实施

步骤	实施内容
1	将学生分为若干个小组,每组选出一位组长
2	组长领取本组训练用湿度传感控制器、海报纸、连接线若干、十字螺钉旋具、万用表
3	对湿度传感控制器进行结构识别,分析其工作原理
4	用干湿球温度计进行温度测量,结合焓湿图测出相对湿度
5	制作海报:对湿度传感控制器的作用进行总结汇报

检测与评价

1. 小组讨论

组长召集小组成员讨论,交换意见,形成初步结论。

2. 制作张贴海报
1）列出湿度传感控制器的结构特点与应用场合。
2）描述湿度传感控制器的作用。
3. 小组代表陈述

每组推举 1 名学生陈述：湿度传感控制器的应用场合、结构特点。要求脱稿陈述，不足之处组员可以补充。

4. 老师点评及评优

指出各组的训练过程表现、海报完成情况以及完成任务的认真度，老师和活动组共同选出优胜组，填写表 2-12。

表 2-12 任务考核评分标准

组长：　　　　　　组员：

序号	评价项目	具体内容	分值	小组自评（30%）	小组互评（30%）	老师评价（40%）	平均分
1	职业素养	细致和耐心的工作习惯较强的逻辑思维、分析判断能力	5				
		吃苦耐劳、诚实守信的职业道德和团队合作精神	5				
		新知识、新技能的学习能力、信息获取能力和创新能力	5				
2	工具使用	正确使用万用表	15				
3	湿度传感控制器结构与原理	能正确说出湿度传感控制器的作用及工作原理、应用场合	40				
4	总结汇报	海报制作工整、详实、美观	10				
		陈述清楚、流利	10				
		演示操作到位	10				
5	总计		100				

思考与练习

1. 请叙述湿度传感控制器的种类及其工作原理。
2. 湿敏元件有哪几类？
3. 测量湿度的基本方法有哪几种？

任务七　水流开关应用

任务描述

识别水流开关的组成结构，对水流开关进行电气检测，将水流开关正确安装在水管上并进行接线。

所需工具、仪器及设备

十字螺钉旋具、一字螺钉旋具、万用表、水流开关、连接线若干。

知识目标

- 能描述水流开关的作用及工作原理。
- 能描述水流开关的常见故障。

技能目标

- 能对水流开关的内部结构进行辨识,并分析其原理。
- 能对水流开关进行接线。

知识准备

一、水流开关的工作原理及应用

水流开关也称流量开关、靶式流量计水流开关,是用来检测水流速度的。当管道中的水流速度达到规定的使用要求时,其输出触点闭合回路信号端;当管道中的水流速度没有达到规定的使用要求时,输出触点断开信号端。水流开关主要应用于水处理系统、中央空调、水冷机组中,适用于水、乙二醇及其他任何对黄铜、磷铜无腐蚀作用及对密封性能无影响的液体。其外形如图 2-46 所示。

水流开关的工作原理:当流速超过设定值时,流体推动桨片,通过水流开关内的机械装置带动顶部的微动开关,其单刀双掷开关触点(SPDT)可使一个回路导通,同时切断另一个回路。水流开关通常用在需要联锁作用或"断流"保护的场所。可通过调整桨片的数量或修整桨片长度,来适应不同管径及流速的要求。

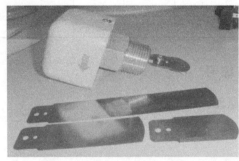

图 2-46 水流开关的外形及内部结构图

二、水流开关的安装

1) 水流开关可安装在水平管道或液流方向向上的垂直管道中,但不能安装在液流方向向下的管道中。当安装在液流向上的管道中时，应考虑重力的影响。

2）水流开关一定要安装在一段直线管道中，其两边至少有 5 倍管径的直线行程，同时必须注意管道中液流的方向必须与控制器上箭头的方向一致。其接线端子应在易于接线的位置。

3）务必根据机组的额定流量、出水管管径和水流开关的靶片调节范围确定靶片型号（请参考说明书），且靶片不能与管道内壁及管道中其他节流器相接触，否则容易导致水流开关不能正常复位。

4）根据流量计测定值确定水流开关和与之连接的系统是否运转正常，即当流量计测定值小于机组额定水流量的 60% 时，水流开关应断开，应观察三个工作周期，并及时盖上水流开关外壳。

5）绝对禁止用扳手碰撞水流开关底板，因为这会导致水流开关因变形而失效。

6）为避免触电及损坏设备，在接线或进行调试时，应切断电源。

7）接线时，绝对禁止调节除微动开关接线端子、接地螺钉外的其他螺钉。并应注意，微动开关接线时不应用力过猛，否则将使微动开关位置移动，导致水流开关失效。

8）接地必须使用专用接地螺钉，不能随意拆卸安装螺钉，否则将导致开关变形失效。

9）水流开关仅用于操作控制，必须加强安装人员的责任心和极限控制、报警监视系统，防止产生控制失效。水流开关不能遭水击，如在水流开关下游装有快速闭合阀，必须使用节流器。

三、水流开关的调试

1）拆去外壳，调高流量值，顺时针方向旋转调节螺钉。在调高出厂设定值后想调低流量值，逆时针方向旋转调节螺钉即可，如图 2-47 所示。

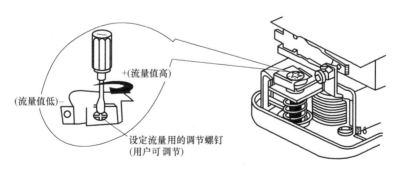

图 2-47 水流开关的调试

2）通过按动主杠杆数次来检查水流开关的设定值是否低于出厂设定值。一旦发现杠杆回复时没有"咔嗒"声，应顺时针方向旋转调节螺钉，直到回复时有"咔嗒"声。

3）进行水流开关接线时，必需按照厂家提供的配套接线图进行连接。

水流开关的工作原理及应用可扫描二维码 2-7 进行学习。

2-7 水流开关工作原理及应用

任务实施

步骤	实 施 内 容
1	将学生分为若干小组,每组选出一位组长
2	组长领取本组训练用水流开关1个、海报纸、连接线若干、十字螺钉旋具、万用表
3	对水流开关进行拆解,观察其结构组成
4	用万用表对水流开关的接线触点进行通断检测
5	将水流开关安装在水管上,并接上电源线
6	制作海报:对水流开关的作用、安装接线等情况进行总结汇报

检测与评价

1. 小组讨论
组长召集小组成员讨论,交换意见,形成初步结论。

2. 制作并张贴海报
1)列出水流开关的作用。
2)画出水流开关的接线图。

3. 小组代表陈述
每组推举1名学生对接线原理图进行控制原理陈述。

4. 老师点评及评优
指出各组的训练过程表现、海报完成情况,老师和活动组共同选出优胜组,填写表2-13。

表2-13 任务考核评分标准

组长:　　　　　　组员:

序号	评价项目	具体内容	分值	小组自评（30%）	小组互评（30%）	老师评价（40%）	平均分
1	职业素养	细致和耐心的工作习惯 较强的逻辑思维、分析判断能力	5				
		吃苦耐劳、诚实守信的职业道德和团队合作精神	5				
		新知识、新技能的学习能力、信息获取能力和创新能力	5				
2	工具使用	正确使用万用表	15				
3	水流开关检测	能正确说出水流开关的作用及工作原理,能对水流开关电接点的通断进行检测	20				
4	水流开关接线	能正确地对水流开关进行接线	20				
5	总结汇报	海报制作工整、详实、美观	10				
		陈述清楚、流利	10				
		演示操作到位	10				
6		总计	100				

思考与练习

1. 请叙述水流开关的作用、安装位置。
2. 水流开关的安装注意事项有哪些？
3. 如何选购水流开关？

任务八　除霜计时器应用

任务描述

通过对除霜计时器的检测与接线的训练，熟练掌握除霜计时器的结构与原理，了解除霜计时器的作用与应用场合，学会根据故障现象分析除霜计时器的故障原因，并熟练掌握检修除霜计时器的方法。

1) 了解除霜计时器的作用与应用场合。
2) 用万用表检测除霜计时器的电阻，并记录。
3) 分析除霜计时器的结构与原理。
4) 分析除霜计时器出现的故障的原因。
5) 对除霜计时器进行接线操作。
6) 学会设定除霜时间与除霜次数。

所需工具、仪器及设备

十字螺钉旋具、一字螺钉旋具、万用表、除霜计时器。

知识目标

➢ 能描述除霜计时器的作用及工作原理。
➢ 能描述除霜计时器的常见故障。

技能目标

➢ 能对除霜计时器进行除霜时间设定。
➢ 能对除霜计时器进行接线。

知识准备

有一类触点式控制器，其触点的开闭既不是靠传感装置的带动，也不是靠线圈磁力的带动，而是由微电动机带动齿轮、凸轮的转动实现的，如计时器。

对于电冰箱及冷库等制冷装置，蒸发器盘管上的霜层一旦过厚就会造成很大的管壁附加热阻（霜层热阻是钢管热阻的90~450倍，视霜层厚度而不同），而且会使盘管上的空气通道变窄，妨碍对流，增大了空气的流动阻力，结果是蒸发器蒸发能力大幅度下降，风机功耗增加，工作状况恶化。实验表明，在-18℃的冷库内工作的蒸发器，若传热温差为10℃，运行一个月后，由于结霜，会使传热系数下降30%左右。为了消除上述不良影响，蒸发器必须定期除霜。

除霜方式有自然除霜和加热除霜两种。加热除霜指利用外加热源或系统逆循环等方式进行除霜。自然除霜则是利用一个除霜计时器，通过计时器内的定时电动机在适当的时刻发出开始除霜指令并执行一定的操作使系统从制冷状态转入除霜状态。除霜进行一段时间后，定时电动机又在适当的时刻发出终止除霜指令并执行一定的操作使系统从除霜状态回到制冷状态。下面分别介绍电冰箱和冷库中常用的除霜计时器的结构特点及工作原理。

一、电冰箱用除霜计时器

1. 电冰箱用除霜计时器的结构特点及工作原理

图 2-48 所示为电冰箱用除霜计时器外形，主要应用在全自动除霜的电冰箱中，是控制除霜程序的元件，其工作原理是由一微型同步电动机（约 3W）经过齿轮变速，驱动凸轮，再由凸轮按调定的时间触发一组触点来完成除霜程序的控制，凸轮旋转一周的时间一般是 8~12h。除霜计时器的驱动电动机与压缩机的电动机关联，随着压缩机的开、停时间而持续地工作。压缩机的工作系数一般为 40%~50%。所以，可使电冰箱平均每昼夜除霜一次。

图 2-49 所示为电冰箱用除霜计时器的结构，由时钟电动机驱动，通过齿轮箱减速驱动凸轮机构和一组触点，A、B、C、D 为计时器的接线端子。

图 2-48　电冰箱用除霜计时器外形

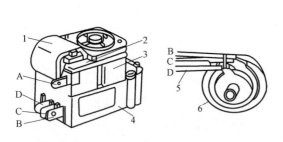

图 2-49　电冰箱用除霜计时器的结构
1—定子绕组　2—定子　3—齿轮箱
4—开关箱　5—端子板　6—凸轮

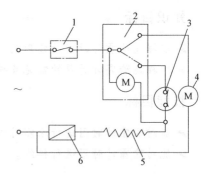

图 2-50　除霜计时器控制电路
1—温度控制器　2—除霜计时器
3—除霜温控器　4—压缩机电动机
5—除霜加热器　6—除霜超热保护器

图 2-50 所示为除霜计时器控制电路。图 2-51a 所示为除霜结束时计时器的状态。此时压缩机电动机的电路还未接通，双金属片除霜温控器的触点断开，切断除霜加热器的电路。当计时器的凸轮再逆时针方向旋转一个很小的角度约 2min 时，就达到了图 2-51b 所示位置，

压缩机电动机电路接通，开始下一个周期的运转。除霜定计器的主要技术参数为：电冰箱进行制冷的时间为 8h±5min，除霜结束到重新制冷的时间为 7min，功率小于 3W。

微电动机得电计时 8h→压缩机断电、除霜加热器得电除霜，微电动机掉电约 5min 不计时→除霜加热器断电，微电动机得电计时 2min→微电动机得电计时 8h，循环往复。

2. 电冰箱用除霜计时器主要故障及检修

（1）电动机烧坏　用万用表测量除霜计时器电动机的进出线间电阻，若阻值变小或为无穷大，表明电动机线圈短路或断路。若是除霜计时器电动机烧坏，应予以更换。

（2）机械部件故障　如除霜计时器电动机阻值正常，但电动机通电后发出"嗡嗡"声，电动机不运转，表明除霜计时器机械传动部件发生故障。打开除霜计时器的盖板，查看各机械部件有无脏物、磨损

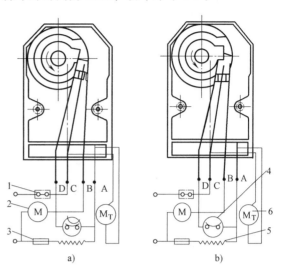

图 2-51　电冰箱除霜计时器的工作状态
1—温控器　2—压缩机电动机　3—温度熔丝
4—双金属片除霜温控器　5—除霜加热器
6—定时器电动机

等现象。若有脏物存在，应将脏物小心去掉，用酒精清洗各机械部件。若有磨损，应用细砂纸将磨损处打磨光滑，去掉毛刺；若磨损严重，应更换相应的机械部件。除霜计时器修好后，应转动除霜计时器调节杆，看其旋转是否灵活，并用万用表电阻档测量各接线端子间阻值是否正常。一切正常后，即可将其装入电冰箱使用。

电冰箱除霜定时器的工作过程可扫描二维码 2-8 进行学习。

二、冷库用除霜计时器

图 2-52 所示为冷库常用的除霜计时器的外形结构图。面板上有两个设定盘，分别是外盘和内盘，内盘又分为 T1 与 T2 两个时间设定段。

2-8　电冰箱除霜计时器的工作过程

外盘功能是设定相邻两次除霜的时间间隔（在 24h 内可调），共有 12 个按钮，每个按钮代表间隔 2h。当按钮按下时，定时电动机齿轮转到该按钮位置，除霜开始；定时电动机齿轮转到按钮复位处，除霜结束。内盘 T1 区的功能是设定除霜持续时间 0～55min 内可调，拨动红色内盘拨钮 T1 即可调节。内盘 T2 区的功能是在除霜终止后，外风机延时开机，延时时间在时间 0～15min 内可调，拨动白色内盘 T2 区拨钮即可调节时间，目的是让冷凝水有足够的时间排放。

一些除霜计时器有冷风机延时功能，而有些则无此功能，选用时要注意冷库的使用要求。

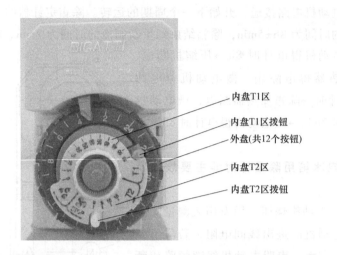

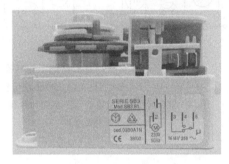 

图 2-52 冷库用除霜计时器外形结构图（型号 SB3.81）

任务实施

步骤	实 施 内 容
1	将学生分成若干个小组，每个小组领用电冰箱及冷库除霜计时器若干
2	对除霜计时器进行拆装，熟悉其内部结构，并分析其工作原理
3	结合电冰箱除霜原理，画出电冰箱的除霜控制电路图，并描述其控制过程
4	针对装配式冷库，调定温控器的温度，将冷库高温库的温度设定为 5℃、低温库的温度设定为 -20℃
5	结合冷库除霜原理，在冷库控制柜中设定冷库除霜计时器的除霜时间，要求除霜为 2h 一次，除霜时间 20min，冷风机延时时间为 5min
6	观察各执行机构的运行状态，记录高温库和低温库的温度值，记录压缩机运行时间、除霜加热时间和冷风机延时时间，对比设定的温度参数、除霜参数是否发生漂移

检测与评价

1. 小组讨论

组长召集小组成员讨论，交换意见，形成初步结论。

2. 制作张贴海报

1）列出除霜计时器结构特点与应用场合。

2）画出电冰箱除霜控制电路。

3）冷库的运行状况。

3. 小组代表陈述

1）小组派代表进行总结陈述。

2）其他小组不同看法：每组陈述完后，其他组对陈述组的结论进行纠正或补充。注意：不是争论，而是提出不同的看法。

4. 老师点评及评优

指出各组的训练过程表现、海报完成情况以及完成任务的认真度，老师和活动组共同选出优胜组，填写表 2-14。

表 2-14 任务考核评分标准

组长：　　　　　　组员：

序号	评价项目	具体内容	分值	小组自评（30%）	小组互评（30%）	老师评价（40%）	平均分
1	职业素养	细致和耐心的工作习惯较强的逻辑思维、分析判断能力	5				
		吃苦耐劳、诚实守信的职业道德和团队合作精神	5				
		新知识、新技能的学习能力、信息获取能力和创新能力	5				
2	工具使用	正确使用万用表	15				
3	电冰箱除霜计时器	能正确描述除霜计时器的作用及工作原理、故障检测方法；画出电冰箱除霜电路	20				
4	冷库除霜计时器	能正确设定除霜控制时间	20				
5	总结汇报	海报制作工整、详实、美观	10				
		陈述清楚、流利	10				
		演示操作到位	10				
6		总计	100				

思考与练习

1. 简述除霜计时器的作用。
2. 简述电冰箱的除霜过程。
3. 电冰箱除霜的方式有哪几种？
4. 电冰箱除霜计时器与冷库除霜计时器在计时方面有何不同？
5. 冷库除霜计时器如何接线？

6. 电冰箱除霜时如何进行安全保护？

7. 针对装配式冷库，进行下列综合训练。

1）调定温控器的温度，将冷库高温库的温度设定为 5℃、低温库的温度设定为 -20℃。

2）测绘并画出冷库电气控制系统图，叙述冷库电控系统的控制原理。

3）设定除霜计时器运行参数，要求除霜为每 2h 一次，除霜时间为 20min，冷风机延时时间为 5min。

4）观察各执行机构的运行状态，记录高温库和低温库的温度值，记录压缩机运行时间、除霜加热时间和冷风机延时时间，对比设定的温度参数、除霜参数是否发生漂移。

素养提升

我国制冷与低温工程专业教育奠基人——夏安世

夏安世，广东新会人，西安交大、上海交大两校制冷专业的创建者和上海市制冷学会、上海市冷冻空调工业机械协会的筹建者。他曾组织和参与过多部重要辞书的编写和修订工作，为中国制冷事业的发展做出了不可磨灭的贡献。

夏安世于 1922 年赴德留学，在德国卡尔斯鲁厄大学机械工程系学习，以优异成绩于 1926 年毕业，1931 年获德国机械工学博士学位。

学成归国后，夏安世曾在铁路、交通等部门任职，后担任华东工业部机械工业处副处长，1952 年筹建上海机器制造学校（上海机械学院前身），从此转入教育战线工作，1956 年调上海造船学院筹建机械系，1957 年筹建西安交通大学制冷专业，完成后，调上海交通大学建立制冷专业的前身船舶辅机专业。

夏安世曾三次出访欧洲多个国家，在引进技术、寻求合作方面起了极大的作用，尤其是促进了中德两国经济、技术和文化方面的交流合作。

夏安世在从事教育工作的同时，特别关心制冷工业的发展，在担任中国机械工程学会常务理事、中国机械工程学会上海分会理事长时，筹组了我国第一个制冷学科组织——上海机械工程学会制冷专业学组。1978 年，中国制冷学会成立时，他当选为第一届理事会理事兼第一专业委员会委员。1981 年，会同第二商业局筹建了上海市制冷学会，并当选为第一届理事会理事长。1985 年在上海主持召开了"上海低温工程国际学术会议"，扩大了中国低温技术在国际上的影响力。

夏安世对我国制冷事业称得上鞠躬尽瘁，死而后已。他的精神也激励着一代代制冷专业学子，为祖国、为人民、为制冷事业贡献自己的青春与才华。

项目三
典型家用空调器电气控制系统检修

学习目标

家用空调器电气控制系统是所有制冷设备中相对全面、综合和复杂的控制系统之一。本项目通过 KFR-35GW/EQF 典型家用空调器电气控制系统的综合学习和任务训练，熟悉家用空调电气控制系统的控制功能和控制结构组成，学会从整个空调系统出发分析电气控制机理，分析电路板控制原理及关键点的测量方法，掌握控制电路板上各个接口与外围电路的输入、输出电量及控制关系，熟练地进行线路拆接操作，熟练地使用电气仪表，通过检测电路板接口、触点式控制器与传感器、电气执行机构等，准确判断电气控制系统的故障部位，并快速进行修复。

工作任务

对家用空调电气控制系统进行控制机理分析，准确检测故障的部位并予以修复；在此基础上测绘电路板，并对电路板控制电路进行控制原理分析与故障诊断。

任务一　家用空调电气控制系统机理辨析与检修

任务描述

系统完成家用空调器电气控制系统机理分析与检修工作。
1）列出所检修的家用空调所有的电气执行机构的名称和作用。
2）列出传感器及触点式控制器的名称和作用。
3）画出室外机/室内机电气接线图。
4）就所画的接线图分析电气控制系统的控制机理。

知识目标

➢ 熟悉家用空调电气控制系统的控制功能和控制结构的组成。
➢ 能从整个空调系统出发分析电气控制机理。

技能目标

➢ 会用万用表测电压、电阻。

> 能对室外机与室内机进行接线。
> 能更换电路板电子元件。

知识准备

一、家用空调电气控制系统实物辨识与控制机理分析

图 3-1 所示为 KFR-35GW/EQF 家用空调器电路板实物照片,结合图 3-2 所示控制系统室内机接线图以及图 3-3 所示室外机接线图,可从三个方面对其控制机理进行全面辨识与分析。

1. 电源进入路径

观察空调器电气控制系统接线及电路板实物可知,电源相线借用压缩机驱动继电器 14 的一个插脚进入(压缩机的控制相线则由另一个插片控制),通过焊接在电路板下脚的熔丝接室外风机、四通阀及电加热器的继电器;电源零线 7 则直接焊接在电路板上;同时,电源通过变压器一次插座 10,经变压器降压后至变压器二次插座 8,给整个电路板提供电能。

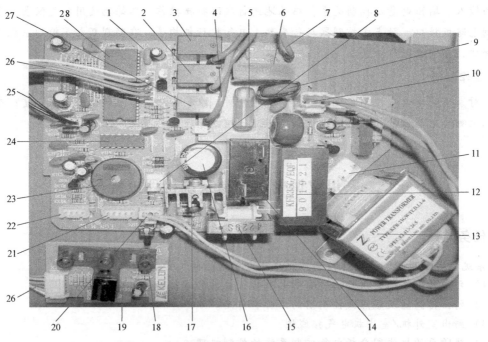

图 3-1 KFR-35GW/EQF 家用空调器电路板实物图

1—晶振 2—室外风机继电器 3—四通阀继电器 4—电源相线 5—熔丝 6—抗干扰电容 7—电源零线 8—变压器二次插座 9—压敏电阻 10—变压器一次插座 11—室内风机接线座 12—室内风机运行电容 13—电源变压器 14—压缩机驱动继电器 15—电流互感器(压缩机电流检测电路) 16—直流电源滤波电容 17—三端稳压器(直流电源电路) 18—发光二极管(显示电路) 19—遥控接收与指示电路板 20—室内风机速度采集接线座 21—风向电动机接线座 22—蒸发器、回风温度探头接线座 23—蜂鸣器 24—反向驱动器(步进电动机、压缩机驱动 IC) 25—室外除霜温度传感器接线座 26—遥控接收器控制线 27—电加热驱动继电器 28—微处理器(IC)

2. 电路板外围输出接口分析

驱动信号输出：驱动输出包括强电和弱电两部分。

（1）强电驱动输出　根据空调器的运行状况，微机电路板将分别发出驱动指令，驱动压缩机、室外风机、四通阀及室内电加热器的控制继电器开合，进而驱动这些电气执行机构运转。

（2）弱电驱动输出　电路板发出弱电脉冲驱动信号给风向电动机接线座，使风向电动机运转。微处理器IC通过遥控接收器控制线26驱动指示灯。

3. 电路板外围输入接口分析

弱电信号输入：室外机除霜感温探头、室内机蒸发器和室内回风感温探头分别将温度变化转换为电压变化，并以电位的形式输送给微处理器进行逻辑运算比较后，再输出控制信号，控制空调机外风机、四通阀及室内电加热器的控制继电器。遥控接收与指示电路板19通过遥控接收器控制线26将遥控指令信号输送给微处理器，以设定空调器的运行模式。室内电动机转速经装在电动机内部的霍尔元件，通过室内风机速度采集接线座20将转速信号转化为电位信号送入微处理器，以控制室内风机的运行速度。

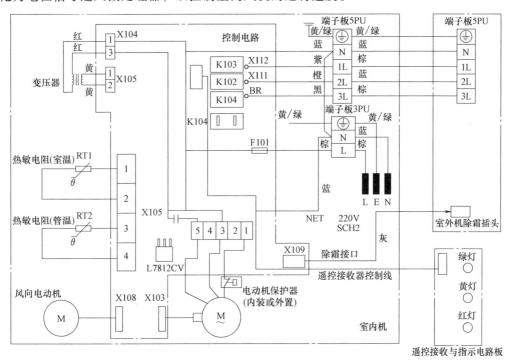

图3-2　KFR-35GW/EQF电气控制系统室内机接线图

二、控制系统电量的测量说明

学会接口电量检测是检测故障点的关键，可通过下列模拟任务的练习，掌握电量分布规律，并快速区分电路板、执行机构、触点式控制器、传感器故障。

1. 电路板与外围接口电量检测

进行电量检测时，一定要注意分清强电和弱电，也要非常注意强电的零线与弱电（俗称"零"）的公共端绝不能混淆，否则就会烧坏电路板，并造成电源短路。

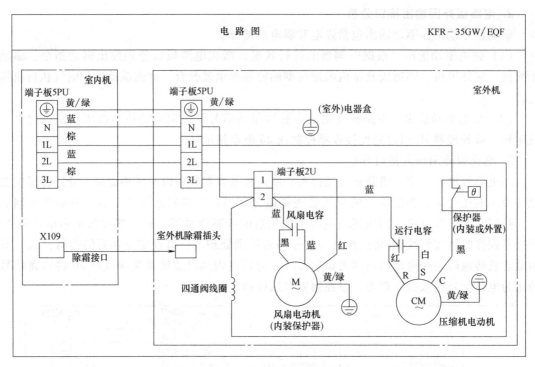

图 3-3　KFR-35GW/EQF 电气控制系统室外机接线图

（1）强电电量检测　用万用表 250V 以上交流档，黑表笔接触零线，红表笔分别接触压缩机继电器的输出插片、室外风机继电器（橙色线）、四通阀继电器（紫色线）或室内电加热器（紫色线）的相线输出控制线，继电器的触点闭合时有 220V 电压；变压器的一次侧接线座两点之间为 220V 电压，二次侧接线座两点之间为 15V 左右电压。

（2）弱电电量检测　用万用表 20V 直流档，保持黑表笔接触三端稳压器 17 集成块的散热金属片，红表笔接触室外除霜温度传感器接线座 25、蒸发器、回风温度探头接线座 22 柱点，有两个接线柱电压为 0V（为公共端），两个接线柱电压为 2.5V 左右（电压值随感受温度的不同而变化）。红表笔依次测量室内风机速度采集接线座 20 的 3 个柱，一个为 0V、一个为 5V、一个为小于 5V 的中间值。红表笔依次测量风向电动机接线座 21 的 5 个柱，其中一个为 0V，4 个为 12V。红表笔依次测量遥控接收器控制线 26 的 6 个柱，测量值一个为 0V、一个为 5V，与指示灯相连的 3 个柱对应的指示灯亮时电压为 0、灭时电压为 5V，对于遥控接收器的输入接线柱，其电压则小于 5V（按遥控键时电压有变化）。

2. 电气执行机构与触点式控制器检测

如果在上述的检测过程中发现问题不出在电路板上，则需要对电气执行机构（如压缩机、电动机、电磁阀、电加热器）、传感器以及触点式控制器（如继电器、交流接触器、压力控制器等）进行检测。在前面的项目中已经进行过相关知识的学习和训练，这里不再介绍。

通过仔细观察空调器的运行状态，结合平时积累的维修经验，就可以初步判断是电路板故障还是电气执行机构或触点式控制器及传感器故障，故上述检修的步骤也可以按照检修任务的实际情况来调整。

任务实施

步骤	实 施 内 容
1	认真阅读上述知识准备部分,编制任务书,制订检修方案
2	列出所检修的家用空调所有的电气执行机构的名称和作用
3	列出传感器及触点式控制器的名称和作用
4	画出室外机/室内机电气接线图
5	就所画的接线图分析电气控制系统的控制机理
6	对电气执行机构、传感器、触点式控制器、电路板进行全面检测(包括掉电和带电检测),并详细记录所测电参数值
7	对检修过程中所遇到的困难及解决方法进行叙述
8	记录故障现象,分析故障原因,找出故障点并排除故障

进行家用空调电气控制系统维修时,应结合控制系统的结构特点,做好相关人员、场地、时间、仪表工具、安全等各方面准备工作,根据任务书制订维修计划,特别要很好地构思检修的技术方法、工艺路线以及操作步骤等,做到方法得当、充分发挥能力、维修精准高效。

检测与评价

指出各组学生在训练过程中的表现、电路检测完成情况,以及完成任务的认真度,老师和活动组共同选出优胜组,填写表 3-1。

表 3-1 任务考核评分标准

组长:　　　　　　组员:

序号	评价项目	具体内容	分值	小组自评(30%)	小组互评(30%)	老师评价(40%)	平均分
1	职业素养	细致和耐心的工作习惯 较强的逻辑思维、分析判断能力	5				
		吃苦耐劳、诚实守信的职业道德和团队合作精神	5				
		新知识、新技能的学习能力、信息获取能力和创新能力	5				
2	工具使用	正确使用万用表	15				
3	室外机/室内机电气接线图	正确画出室外机/室内机电气接线图	20				
4	电量测量	电量测量是否正确,是否准确查出故障,操作熟练性说明,误操作情况说明	15				
5	电气控制机理分析	正确分析空调电气控制机理	15				
6	总结汇报	陈述清楚、流利	10				
		演示操作到位	10				
7	总计		100				

思考与练习

1. 家用空调器主要控制功能包括哪些方面？
2. 家用空调器微机控制电路板由什么构成？
3. 交流电是如何给电路板供电的？

任务二　微处理器控制电路板故障诊断与检修

任务描述

借助家用空调器 KFR-35GW/EQF 电气控制系统综合故障诊断试验台（图 3-25），使用示波器、万用表对其电路板上的 19 个分立电路进行检测、诊断与检修。通过对大量的空调电气控制系统信号进行测量、故障诊断、控制机理分析，使学生熟悉并掌握分立控制电路的结构和工作原理。

所需工具、仪器及设备

万用表、示波器、空调电气控制系统综合故障诊断试验台。

知识目标

➢ 掌握各种电子元件的名称、作用及工作原理。
➢ 掌握各个分立电路的作用及其工作过程。
➢ 能描述各分立电路控制原理和可能出现的故障。

技能目标

➢ 学会对整个空调控制电路进行综合分析。
➢ 掌握空调实物电路板的辨识和解读方法，同时应用所学的电控知识对空调电气故障进行分析和排除。
➢ 能对空调电路板进行电子元件的更换。

知识准备

一、微处理器控制空调器的主要控制功能

家用空调器的主要控制功能可概括为以下几个方面。

1. 制冷、制热恒温自动控制功能

该功能通过温度传感器和单片机的相互配合，实现室内温度的自动控制，同时还可实现制冷或制热。

2. 电源过电压、欠电压以及过电流保护功能

空调器压缩机的正常工作电压为 180~245V。若电压超出此范围，单片机可采取保护措施，使压缩机和风扇电动机停止工作。压缩机过电流保护由电流互感器检测，并通过单片机

内部控制使压缩机自动停机。

3. 压缩机 3min 延时起动保护功能

当压缩机停机以后，单片机会使压缩机再次起动时自动延时 3min，以防止忽然停电后，再次突然来电使压缩机损坏（由于压缩机停机后，系统内压力不会很快平衡，如停机后马上又开机，很容易损坏压缩机）。

4. 制冷系统压力过高或过低保护功能

在室外主机管路上有系统高压和低压检测开关，当系统管道压力高于或低于设定压力时，压力控制开关触点会断开或接通，并通过单片机控制系统，使其能很快断开电源，从而保护压缩机。

5. 曲轴箱预热功能

在压缩机曲轴箱外部固定有一个电加热器，它在冬天时能对压缩机曲轴箱提前加热。该电加热器由微机自动控制（当室外温度在 0℃ 以下时，压缩机中的冷冻油黏度增大，使压缩机起动困难）。当室外机初次接通电源时，该电加热器自动通电加热，压缩机正常工作后电加热器断电停止工作。压缩机停机后，该电加热器并不立即通电，只有在停机超过 30min 后，才起动加热。停机不足 30min，该电加热器不工作。在软件设计上，该功能不是通过检测压缩机温度来实现的，而是通过检测压缩机停机时间，以及室外环境温度来实现的。

6. 风扇调速自动控制功能

在制热或制冷时，该功能是通过由室内管温传感器检测温度，并通过单片机控制室内或室外风机转速来实现的。它自动调节室内外风扇电动机转速，以提供最合适的运动状态。

7. 辅助电加热功能

在采用热泵制热模式时，当室外温度低于 -5℃ 时，热泵型空调器制热量将明显下降，因此需在室内机上安装辅助电加热器。当室内温度为 15℃ 时，单片机会自动接通辅助电加热器。当室内温度与设定温度相差 8℃ 以上时，单片机会使电加热器自动接通电源，这样就使室内温度能尽快上升。当室内温度与设定温度相差 4℃，且空调器出风口达到 50℃ 时，单片机会自动切断电加热器电源。

8. 干燥除湿功能

当室内处于高温、高湿（即室温高于设定温度 5℃ 以上）状态时，空调器可进行除湿功能。运行该功能时空调器压缩机开开停停，室内风扇电动机以低速运行，使房间的湿度下降。

9. 制热停机时热量排除功能

当制热时由于有辅助电加热器，所以空调器停机后室内机热量会排不出去，这样很容易使空调器的塑料部件受热变形。所以要求空调器停机时，室内风机能自动延时 2min 以上，以使热量排出。该功能由单片机内部自动控制。

10. 自动调试功能

该功能用于在安装或维修空调器时使用，即通过调试开关使微机由自动控制变成手动控制，而且空调器工作在制冷状态。此功能由微机内部决定。

11. 过温升防止功能

在制热运转时，当室内机管道温度在 60℃ 以上时，室内机管温电阻将此信号送入微机中，然后使空调器压缩机停止运转。

12. 制热时室内防冷风功能

在冬季制热运行时，初次开机或在除霜时，室内会吹出冷风，使人感到不适，所以利用微机软件设计的特点就能很容易达到防冷风功能，即初次开机或除霜时，室内风机不转，当室内机管道温度升至一定值时，室内风机才开始运行。

13. 自动除霜功能

在制热运行时，可通过微机控制实现自动除霜功能，除霜时四通换向阀线圈断电，室内外风扇电动机停止运转，但压缩机仍继续运转。当除去室外机散热器上的霜以后，四通换向阀线圈通电，空调器继续制热运行。在软件设计上，当室外机管温低于-4℃、压缩机连续运行50min以上时，除霜开始；当室外机管温上升到12℃或除霜10min以上时，空调器除霜结束。

14. 自动运行与睡眠功能

自动运行是指单片机按照室内温度自动决定空调器运行状态的功能，如夏季自动制冷，冬季自动制热，控制温度为15~30℃。由于人体新陈代谢在白天和夜晚不同，所以感到舒适的温度也不相同，空调器在人入睡以后可自动调节设定温度。制冷运转时使室温比设定温度提高3℃，冬季制热可使室内温度比设定温度降低5℃，这样可防止入睡以后有过冷或过热的感觉。

15. 定时运转功能

根据人们的生活和工作需要，单片机可定时控制空调器开停机，控制时间为1~16h，控制功能为定时开机或定时关机。

16. 室内风速自动控制功能

根据室内温度与设定温度之差，室内风机速度可自动变化。当室温与设定温度相差大时，风机速度变快；反之，风扇速度变低。也可通过遥控器控制室内风扇速度。

17. 液晶显示功能

该功能通过发光二极管或液晶显示器，可显示空调器风速、运转模式、时间、温度、风向、故障码等。

18. 故障检测功能

通过软件设计，单片机可对空调器常见故障进行判断，然后以故障码形式显示在操作显示器上，或通过电路板上的发光二极管显示空调器故障。

19. 多机控制功能

该功能利用一块电路板可同时控制几台空调器的运行。

20. 机型选择功能

微处理器芯片可以通过电路板上的短接插针（跳线）或开关通断达到一机多能作用，即一块电路板可用于单冷型、热泵型、窗式、分体式、柜式等空调器中，或做改变风速用。

21. 换新风功能

窗式空调器由于是一体机，所以本身有换新风装置，分体式空调器要实现换新风功能，则需要另外加设风扇和风管。有些空调器的换新风具有智能功能，可以自动检测房间内的CO_2浓度，并自动开停新风系统。

22. 除尘杀菌功能

臭氧可以杀菌，负离子可以除尘，而根据电压的高低可以分别产生臭氧或负离子。一些空调器加装负离子发生器，具有除尘杀菌作用。有些厂家的空调器还利用光波发生装置杀菌。

23. 加湿功能

冬季制热时，房间的湿度非常小，需要加湿补充水分，具有加湿功能的空调器可以自动检测房间空气的湿度，实现加湿功能。

以上功能由于厂家的设计参数不同，功能也不完全相同。随着科学技术的不断发展，单片机在空调器上的应用将更加完善、更加先进、更加可靠。

二、微处理器控制电路板电路的组成

空调器微处理器控制电路板由微处理器（简称单片机或 CPU）和外围电路构成。图 3-4 所示为 KFR-35GW/EQF 分体热泵强力除湿空调微处理器控制电路板原理图。

单片机是一种超大规模集成电路，内部结构相当复杂，但非常可靠，很少出现故障。单从应用的角度来看，可以简单地把它看成一个器件，只需要了解其管脚即可，其控制功能分外部控制功能和内部控制功能。外部控制功能主要包括：显示和按键、红外接收与编程、机型设置、蜂鸣、风向板控制、室内风机控制、电加热、换新风、通信、模拟实时数据采集功能等；内部控制功能主要指不同运行模式的控制，包括制动、制冷、制热、3min 延时、除湿、送风、定时、睡眠、自检、除霜、各种保护功能等。

分析图 3-4（见书后插页）所示控制电路图可知，整个电路由很多分立电路组成，见表 3-2 所列。这些分立电路归纳为四类，如图 3-5 所示。

表 3-2 KFR-35GW/EQF 电路板分立电路一览表

标号	分立电路名称	标号	分立电路名称
1	直流电源电路	11	室内环境温度控制电路
2	过零检测电路	12	室内换热器管温控制电路
3	遥控接收电路	13	存储器电路
4	显示电路	14	反相驱动器驱动电路
5	室外风机继电器驱动电路	15	开关电路
6	四通阀继电器驱动电路	16	室内风机驱动电路
7	电加热继电器驱动电路	17	风速检测电路
8	晶振电路	18	3min 延时电路
9	复位电路	19	压缩机过电流检测电路
10	室外换热器温控电路		

（1）传感与信号转换电路　采集非电量信号或电量信号，并将其转换为模拟电压量，如温度传感器采集温度信号将其并转换为电压信号，过电流保护装置采集电流信号并将其转换为电压信号等。

（2）指令与接收显示电路　接收按键指令或遥控指令，并对这些指令进行处理，将其转换为电压信号后，传给单片机。

(3) 放大驱动电路　单片机对接收到的外界各种信号进行运算处理后，再发出各种控制信号，直接驱动小功率执行元件（如发光二极管），或通过放大驱动电路（如压缩机驱动电路）、驱动继电器（如风机继电器）或执行元件（如蜂鸣器）。

(4) 单片机工作辅助电路　如延时电路，过电压、欠电压保护电路等。这些电路保证单片机安全、有序和正常地工作。

三、分立电路图解分析

空调微处理器控制分立电路主要指外围电路，所有家用空调无论是单冷空调还是冷暖空调，定频空调还是变频空调，分体空调还是柜机空调，其微处理器控制电路系统都是由许多个分立电路所组成的，就其电路结构来讲，80%以上的分立电路是相同或相似的。这里将对图 3-4 所示的控制电路的 18 个分立电路进行逐一分析。所谓分立电路，就是在整个控制电路中具有相对独立电路子系统，可以产生电信号并发送至 IC 的某些指定管脚，或从 IC 的某些指定管脚中接收信号去驱动执行元件（如蜂鸣器、LED 指示灯等）或继电器（如控制压缩机开停的继电器）等，从而独立地完成某一种控制功能。

1. 直流电源电路

图 3-6 所示为直流电源电路原理图，该电路由熔断器 FU101、抗干扰电容 C103、压敏电阻 RV102、超温保护热敏电阻 RT103 等组成前端电源保护及抗干扰电路；由变压器 T1 将 220V 电压降至 15V，经过 VD101~VD104 四个二极管整流，电容 C109、C110 滤波，由三端稳压集成块 7812 稳压输出 12V 直流电源；经电容 C111、C112 滤波，由三端稳压集成块 7805 稳压输出 5V 直流电源。12V、5V 两种直流电分别供应给电路板相应的分立电路和芯片使用。

空调机故障现象：本分立电路任何一处出现故障，则整机（包括室内机、室外机）不能工作。

电路常见故障与检修方法：该电路常见故障为熔断器 FU101 断路，或压敏电阻 RV102 击穿，或变压器一次侧或二次侧断路、短路，可在断电的情况下，用万用表电阻档进行阻值检测，也可以在通电情况下用万用表交流档检测变压器二次侧有无 15V 电压；若上级电路没问题，用万用表直流档检测 6 点和 8 点有无 12V、5V 直流电压。特殊情况下，也可能出现二极管击穿、电容漏电的现象，可在断电的情况下，用万用表电阻档逐一排查。正常情况下，二极管正向导通、反向截止，好的电容的阻值为无穷大。

(1) 压敏电阻　压敏电阻器是利用半导体材料的非线性伏安特性制成的一种电压敏感元件。当外加电压较低时，流过电阻的电流很小，压敏电阻呈高阻状态；当外加电压达到或超过压敏电压 U_c 时，压敏电阻的阻值急剧下降并迅速导通，从而有效地保护电路中的其他元件不会因过压而损坏。

(2) 热敏电阻　热敏电阻是一种将温度直接变换成电量的敏感元件，半导体热敏电阻阻值随温度的升高而急剧减小，并呈现非线性，根据热敏电阻阻值的变化，便可知被测介质的温度变化。热敏电阻在制冷装置中被广泛用于温度传感器中。

(3) 三端集成稳压块　集成稳压块一般是指把经过整流后的不稳定的输出电压变为稳定的输出电压的集成电路，常用的有 7805、7812。

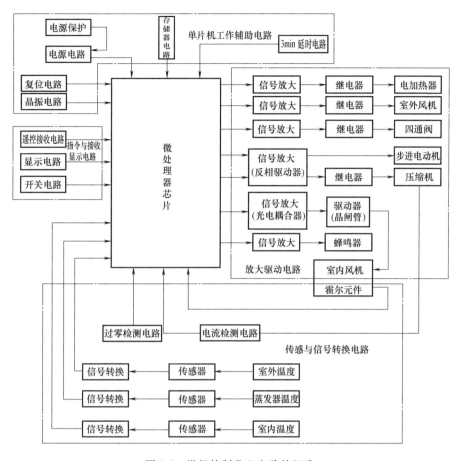

图 3-5 微机控制分立电路的组成

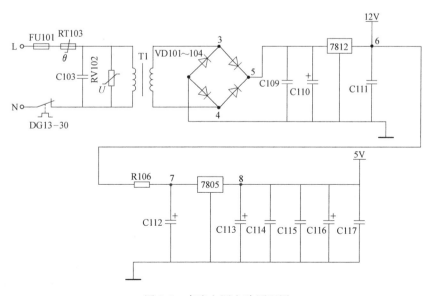

图 3-6 直流电源电路原理图

图 3-6 中 3~8 点的波形图可扫描二维码 3-1 查看。

2. 过零检测电路

图 3-7 所示为过零检测电路控制原理图，电路组成元件名称及作用：T1 为变压器，将 220V 的电压降到 15V；VD105、VD106 为整流二极管，将交流电整流为脉动的直流电；R107 为下拉电阻，起分压作用，保证进入晶体管基极的电压小于 0.7V；R108 电阻起限流作用，将进入晶体管的电流 I_B 控制在较小范围内；电阻 R103 起分压限流作用，在晶体管导通时，保证 11 点的电位基本在 0.3V；VT107 为晶体管，起开关作用。

3-1 3~8 点波形图

(1) 控制原理 该电路与直流电源电路共用变压器 T1，通过变压器降压，再由两个二极管整流，然后通过电阻的分压和限流，得到 100Hz 的脉动信号，经过晶体管开关器件的作用，在 11 点得到 100Hz 的脉冲矩形波，去单片机的 39 脚，此信号经过单片机内部控制后，再去控制室内风机驱动电路，使室内风机以不同的速度运转。

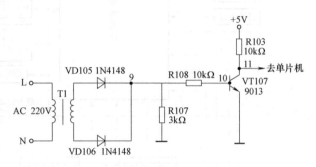

图 3-7 过零检测电路控制原理图

(2) 空调器故障现象 本分立电路任何一处出现故障，则室内风机不能工作，随之带来整机过冷保护停机。

(3) 电路常见故障与检修方法 该电路常见故障有变压器断路、电阻或晶体管击穿。检修时分断电检测和通电检测两种情况。断电时用万用表电阻档，依次检测 T1 的一次侧和二次侧电阻是否无穷大，判断变压器是否断路。如测量二极管正反向电阻都比较小而导通，说明二极管击穿。对调万用表两表笔测量晶体管 11 点对公共端的电阻，都比较小，则说明晶体管击穿。通电的情况下，用万用表电压档测量 9 点、10 点和 11 点，看是否有正常电压。正常情况下用直流档测量时 $V_9 = 15V$、$V_{10} = 0.8V$、$V_{11} = 2~5V$，否则有问题。若用示波器测量 11 点波形，则为频率 100Hz、幅值为 5V 的脉冲波。

图 3-7 中 9~11 点的波形图可扫描二维码 3-2 查看。

3. 遥控接收电路

图 3-8 所示为遥控接收电路控制原理图，电路组成元件名称及作用：HS0038A 为遥控接收集成电路，俗称接收头，有三只引脚，VDD 接电源、OUT 接信号输出（到单片机）、GND 接公共端（俗称弱电的接地）；电阻 R301 起逐流作用，将微弱的接收信号逐送到单片机；电阻 R302 起分压限流作用；电容 C301 接在电源与公共端之间，用于消除杂波干扰。

3-2 9~11 点的波形图

(1) 控制原理 该电路比较简单，从遥控器接收来的信号经过调制解调（跟用电话线上网需要调制解调器一样的原理），通过逐流电阻 R301，将信号送入单片机的 8 脚（既 P70 脚），以达到不同的控制功能。

（2）空调器故障现象　本分立电路任何一处出现故障，将接收不到遥控器发出的指令，表现为当按遥控器操作时，蜂鸣器不鸣叫，空调机也不运转。

（3）电路常见故障与检修方法　该电路常见故障有接收头损坏或电容击穿。检修时分断电检测和通电检测两种情况。断电时用万用表电阻档检测 OUT 与 GND 间的电阻应很大，否则不正常；测量电容电阻应为无穷大，否则不正常。通电的情况下，用万用表电压档，测量 23 点、24 点和 25 点，看是否有正常电压。正常情况下用直流档测量时，V_{23} = 4.5V、V_{24} = 4.5V、V_{25} = 0V，否则有问题。

图 3-8 中 23~25 点的波形图可扫描二维码 3-3 查看。

4. 显示电路

图 3-9 所示为显示电路控制原理图，电路组成元件名称及作用：电阻 R303 的作用为限流和分压，保证发光二极管的电压和电流在一定的范围内；VL301、VL302 和 VL303 为发光二极管，分别代表运行、加热和定时。

3-3　23~25 点的波形图

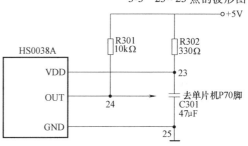

（1）控制原理　该电路比较简单，根据运行的状态，由单片机的 9、10 和 11 脚输出低电平（0V 电压），形成回路，从而使对应的灯发光。

（2）空调器故障现象　本分立电路一般不会出现故障。

图 3-9 中 26~28 点的波形图可扫描二维码 3-4 查看。

图 3-8　遥控接收电路控制原理图

3-4　26~28 点的波形图

5. 室外风机继电器驱动电路

图 3-10 所示为室外风机继电器驱动电路控制原理图，电路组成元件名称及作用：电阻 R125 起限流分压作用；晶体管 VT121 开关作用；继电器 K102 控制风机电路的通断，其内部由线圈和开关触点组成；续流二极管 VD118 起断电保护作用，可防止因继电器线圈产生的感应电动势冲击损坏晶体管；电动机 M 带动风扇运转。

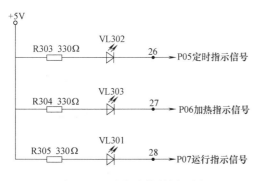

图 3-9　显示电路控制原理图

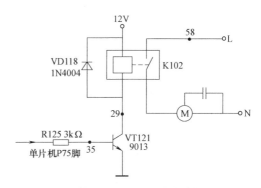

图 3-10　室外风机继电器驱动电路控制原理图

（1）控制原理　当空调器接收到运行指令后，从单片机 3 脚（P75）发出控制信号，触发晶体管道通，12V 直流电源经过继电器 K102 和晶体管 VT121 回到公共端，形成回路，继电器线圈因此得电产生吸力，使其触点闭合，220V 交流市电通过风机，使风机运转。一般的驱动电路基本上都是通过继电器将单片机的弱电信号转化为强电信号，去驱动执行元件，如风机、四通阀等，实现弱电控制强电的目的。

(2) 空调器故障现象　本分立电路任何一处出现故障，风机将不能运转。当然，当电动机接线错误、电动机烧损，电动机运行电容失效时，风机也是不能运转的。

(3) 电路常见故障与检修方法　该电路常见故障是晶体管或继电器损坏。同时，电阻 R125 和续流二极管 VD118 的损坏也能间接导致晶体管和继电器损坏。检修时分断电检测和通电检测两种情况。断电时用万用表电阻档，检测 29 点与 GND（公共端）间的电阻，在调换表笔两次检测的电阻中，有一次应非常大（几百千欧以上），否则不正常。测量继电器线圈，其电阻应是几百欧，若为无穷大或零，则继电器损坏。通电的情况下，使用万用表电压直流档，测量 29 点与 12V 两点，正常情况下的电压为 11V 以上。

有时也会出现继电器触点粘连或烧断的情况。断电情况下测量触点两侧的电阻为零即粘连；通电情况下，若 29 点与 12V 电源之间电压为 11V 以上，但继电器触点两侧的电压为交流 220V，则继电器触点烧断。

图 3-10 中 29、35 点的波形图可扫描二维码 3-5 查看。

6. 四通阀继电器驱动电路

图 3-11 所示为四通阀继电器驱动电路控制原理图，其与室外风机继电器驱动电路结构组成完全相同，这里不再重复介绍。

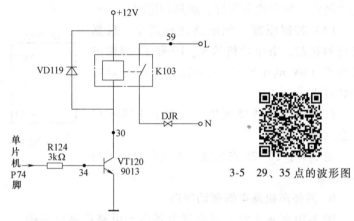

图 3-11　四通阀继电器驱动电路控制原理图

图 3-11 中 30、34 点的波形图可扫描二维码 3-6 查看。

7. 电加热继电器驱动电路

图 3-12 所示为电加热继电器驱动电路控制原理图，其与室外风机继电器驱动电路结构组成完全相同，这里不再重复介绍。

图 3-12 中 31、32 点的波形图可扫描二维码 3-7 查看。

8. 晶振电路

图 3-13 所示为晶振电路控制原理图，电路组成元件名称及作用：晶振电路较为简单，主要是 B102 石英晶振，其晶体结构为六角形柱体，按一定尺寸切割的石英晶体夹在一对金属片中间，在晶片两极通上电压，就具备了压电效应，即施加电压产生变形，受力又产生电压，从而不断振荡。

(1) 控制原理　石英晶振有三只脚，一只脚接单片机输入脚 19，一只脚接单片机输出脚 20，另一只脚接公共端。通过与单片机内部的电路作用，产生 4.18MHz 的振荡频率，为单片机提供工作标准时钟（就好像计算机 CPU 的频率）。

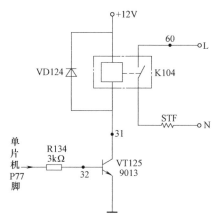

图 3-12 电加热继电器驱动电路控制原理图

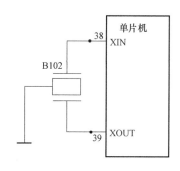

图 3-13 晶振电路控制原理图

（2）空调器故障现象 本分立电路石英晶振出现故障时，整机将不能运转。

（3）电路故障与检修方法 一般在通电的情况下进行检修，用万用表交流电压档，测量 39 点 XOUT（20 管脚）与公共端间的电压，正常情况为 1.8~2.5V。有时也会出现石英晶振受潮湿不能正常工作的情况，用电吹风吹过之后又能继续工作，其实这种情况应该将其换掉。石英晶振没有极性，焊接时只要辨认出公共端即可。

图 3-13 中 39 点的波形图可扫描二维码 3-8 查看。

9. 复位电路

图 3-14 所示为复位电路控制原理图，电路组成元件名称及作用：本电路板的复位电路比较简单，VD122 二极管在充电瞬间起隔离作用，其他工作时间作为钳位用，作为断电时电解（极性）电容 C123 放电之用。

3-8 39 点的波形图

（1）控制原理 当空调器上电时，单片机通过 18 脚送出 5V 直流电源，上电初期，电容相当于短路，于是公共端的 0V 电位被采入单片机；单片机收到 0 电位信号后，即刻开机运行，与此同时，电容很快充满 5V 电压并保持。

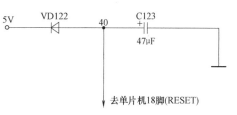

图 3-14 复位电路控制原理图

复位电路的主要作用是提高空调器电控部分的稳定性和可靠性，防止单片机初次上电或受到强干扰信号出现死机。

（2）空调器故障现象 本分立电路若出现电容击穿故障，则整个空调器不能运转。

（3）电路常见故障与检修方法 本电路的检修方法较为简单。检修时分断电检测和通电检测两种情况：断电时用万用表电阻档，检测电容电阻，判断其是否损坏；通电的情况下，用万用表直流电压档，测量 18 脚与公共端之间的电压，正常情况下的电压为 5V，若为 0V，则初步判断电容已经击穿，需要更换。

图 3-14 中 40 点的波形图可扫描二维码 3-9 查看。

10. 室外换热器温控电路

图 3-15 所示为室外换热器温控电路原理图，电路组成元件名称及作用：上拉电阻 R131 起分压作用；下拉热敏电阻 RT3 也称感温

3-9 40 点的波形图

探头，感受温度的变化，并将其转化为电阻的变化，进而转化为电压的变化；电阻 R128 起限流作用，使进入单片机的电流不会过大；电容 C126 起抗干扰作用，保证单片机不受偶然电压变化因素的影响，避免造成误判断。

（1）控制原理　感温探头是一个负温度系数的热敏电阻，即温度越高电阻越小、温度越低电阻越大。热敏电阻将感知的温度变化转化为电阻大小的变化，再进一步转化为电压的变化，并将电压值送入单片机。单片机通过内部程序对接收到的电压值进行运算比较，以决定是否进行除霜。

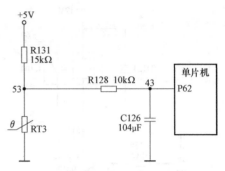

图 3-15　室外换热器温控电路原理图

说明：冷暖空调机才有室外温控电路，单冷空调机只有室内管温电路和室内环境温度电路。

（2）空调器故障现象　本分立电路若出现故障，则整个空调器不能正常制热和除霜，但还可以运转。

（3）电路常见故障与检修方法　本电路常见故障是感温探头断路、温度漂移，电容击穿。若为断路，则空调机一直处于除霜状态，表现为四通阀转换为制冷状态，压缩机不运转，应仔细检查感温线是否断开或插接不牢。若要判断感温探头是否漂移，应用万用表测量其电阻值，本机所使用的热敏电阻在 25℃时为阻值为 15kΩ。若电容击穿，则表现为制热时不除霜，室外换热器上的挂霜或结冰很多，因此制热效果很差。

图 3-15 中 43、53 点的波形图可扫描二维码 3-10 查看。

11. 室内环境温度控制电路

图 3-16 所示为室内环境温度控制电路原理图，其与图 3-15 所示的电路结构完全相同。

3-10　43、53 点的波形图

该电路将采集到的室内环境温度与遥控器设定的温度相比较，从而决定室外机停止运行还是继续运转，但室内机仍然运转。在自动风速控制情况下，它根据室内温度与设定温度的差自动调整风机的速度。此温差越小，风速越慢；温差越大，风速越快。

很多情况下，老鼠会咬断感温探头线，使整机不运转，要仔细检查。如果为电容击穿，则整机不能停止运转。其检修方法同室外换热器温控电路，这里不再赘述。

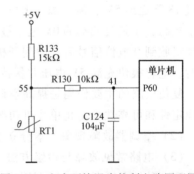

图 3-16　室内环境温度控制电路原理图

图 3-16 中 41、55 点的波形图可扫描二维码 3-11 查看。

12. 室内换热器管温控制电路

图 3-17 所示为室内换热器管温控制电路原理图，与图 3-15 所示的电路结构完全相同。

3-11　41、55 点的波形图

该电路将采集到的管温与单片机内设定的防冷风和防热风温度进行比较，制热时，当室内换热器的管温低于 25℃时，风机不运转，因为这个温度吹到人身上还是觉得冷。但是，当管温超过53℃时，室外机要停止运转，以防止高温危险，此时室内机继续吹风，以降低室内换热器温度。

图 3-17 中 42、54 点的波形图可扫描二维码 3-12 查看。

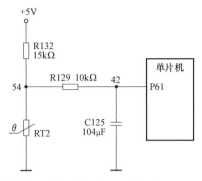

图 3-17 室内换热器管温控制电路原理图

3-12 42、54 点的波形图

13. 存储器电路

图 3-18 所示为存储器电路控制原理图，由于单片机的内部存储量不够，所以该控制电路外加了 EEPROM 存储器 93C46，可以对空调器运转进行计时，并可以决定空调器的开机运行模式、关机和记忆等，由单片机对其进行读写操作，不读写时 70 点为高电平，67、68、69 点为低电平。

存储器的检修相对困难，一般是根据该空调器的故障码进行判断，若没有故障码帮助，很难通过测量发现问题。

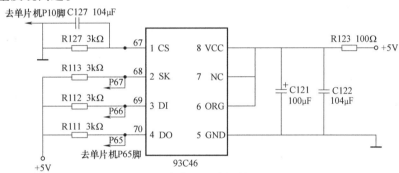

图 3-18 存储器电路控制原理图

图 3-18 中 67~70 点的波形图可扫描二维码 3-13 查看。

14. 反相驱动器驱动电路

图 3-19 所示为反相驱动器驱动电路控制原理图，本电路板所用的反相驱动器为集成 ULN2003 驱动块，由 7 个反相驱动器封装而成，分别为 1~7 脚对应 16~10 脚，其作用是将由单片机发出的微弱信号反相放大，以便可以带动较大电流（功率）的继电器、蜂鸣

3-13 67~70 点的波形图

器以及步进电动机等。B101 为蜂鸣器，遥控接收信号时会发出响声。M 为步进电动机，带动室内风机摆动。K101 为压缩机继电器，控制压缩机的开停。

（1）控制原理 当遥控器发出开机指令时，单片机 P73（5 脚）发出高电平信号，经过 ULN2003 驱动块反相后，在 16 脚反相为低电平，因此与 12V 直流电源构成回路，继电器线圈导通，触点闭合，压缩机 220V 交流电源接通，运转。同理，当发出"风摆"遥控指令后，单片机 P12~P15（33~36 脚）周期性地依次发出高电平，通过反相驱动器的 14~11 脚，驱动步进电动机上下摆动。当接收遥控信号时，单片机 P72（6 脚）发出一组脉冲信号，触发蜂鸣器鸣叫。

（2）空调器故障现象 本分立电路的反向驱动器损坏，压缩机将不能运转，遥控风摆

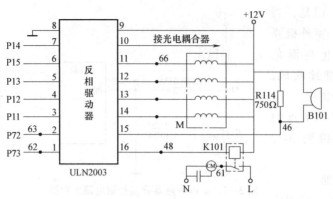

图 3-19 反相驱动器驱动电路控制原理图

不能摆动,蜂鸣器不能鸣叫。

(3) 电路常见故障与检修方法　用万用表直流电压档测量反相驱动器的成对管脚 1-16、2-15、3-14、4-13、5-12、6-11,一边若为低电平(0V),则另一边必然对应高电平(12V),否则,反向驱动器损坏。

通常情况下,微机控制芯片(IC)输出的控制信号十分微弱,不能直接驱动下一级器件,而通过反相驱动器之后(由于反相驱动器具有带小型负载的能力),可以驱动诸如制冷装置电控系统的继电器、蜂鸣器、步进电动机等执行元件。

图 3-19 中 46、48、62、63、66 点的波形图可扫描二维码 3-14 查看。

3-14　46、48、62、63、66 点的波形图

15. 开关电路

图 3-20 所示为开关电路控制原理图,本电路比较简单,按键开关起应急作用;电阻 R110 为负载电阻。

(1) 控制原理　在无遥控器的情况下,按动 S101 可以直接起动空调器,此时空调器按自动状态工作,根据室内环境温度制冷或制热。平时 S101 悬空,单片机 40 脚为低电平,电控系统处于遥控状态。

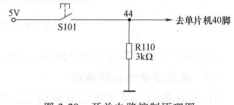

图 3-20　开关电路控制原理图

(2) 空调器故障现象　不使用此按键,看不出故障。

(3) 电路常见故障与检修方法　主要是按键失灵,应更换。

图 3-20 中 44 点的波形图可扫描二维码 3-15 查看。

16. 室内风机驱动电路

电路组成元件名称及作用:图 3-21 所示为室内风机驱动电路控

3-15　44 点的波形图

制原理图。本电路比较复杂,所以需要将该电路画成规整的串并联电路,以便对电路进行分析。

该电路由三部分组成。①整流滤波稳压电路:电阻 R101,起限流分压作用;二极管 VD102,起整流作用;极性电容 C106,起滤波作用;VS109 稳压二极管,起稳压作用。②触发电路:电阻 R105、R104、R109 起限流分压作用;光电耦合器 E101 起信号传递作用,电

容 C107 起抗干扰作用。③主电路：双向晶闸管 VTH110，起控制开关作用；电动机 M，带动室内风扇运转；电阻 R102 与电容 C105，构成阻容保护电路，保护双向晶闸管 VTH110 不被损坏；电容 C104，起风机分相作用；电感 L101，起抗干扰作用。

（1）控制原理　220V 交流工频电压经半波整流、滤波及稳压之后，得到 12V 直流电，供触发电路用。单片机将过零信号发送至光电耦合器中，通过光耦合，在 18 点产生过零触发信号，供给双向晶闸管，使之受控导通。一旦双向晶闸管导通，则 220V 交流工频电源通过电动机，电动机运转，带动风扇吹风。单片机根据遥控指令发出占空比不同的脉冲信号，就可以控制双向晶闸管导通与关闭的时间比例，使得通过电动机的电压有效值不同，从而得到高、中、弱、微四种风速。

（2）空调器故障现象　本分立电路任何一处出现故障，风机或者不转、或者风速将不受遥控器控制，以强风运转。

（3）电路常见故障与检修方法　该电路常见故障是双向晶闸管和稳压二极管损坏。上电时，测量 14 点与 15 点之间的直流电压，应为 12V 左右，否则稳压二极管损坏；断电时，测量 15 点与 17 点之间的电阻，应为无穷大，否则二极管击穿。至于电路中的电阻、整流二极管和电容的检测，前面已经讲过，这里不再赘述。

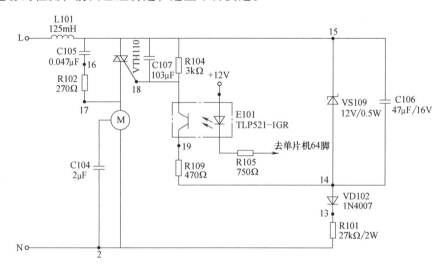

图 3-21　室内风机驱动电路控制原理图

（4）光电耦合器　光电耦合器由半导体光敏器件和发光二极管组成，主要用来实现光电信号的传递。当光电信号加到光电耦合器输入端时，发光二极管导通发光，光电耦合器中的光敏器件在此光辐射下输出光电源，从而实现电—光—电两次转换，通过光完成输入端和输出端之间的耦合。光电耦合器可分为光电二极管型、光电晶体管型、光控双向晶闸管型三种。

（5）晶闸管　晶闸管是一种大功率的半导体开关器件，仅需一定的脉冲触发信号就能控制其导通，而且晶闸管一旦导通后，不需要控制电流，就能维持导通状态，以微小的功率去控制较大的功率。又由于晶闸管的耐压、电流均可做得很高，因此在控制系统中常用它迅速接通大功率的交、直流电路。

（6）电感　电感线圈主要用于对交流信号进行滤波、隔离、抗干扰处理等，由其组成的典型应用电路包括分频电路、滤波电路、选频电路、谐振电路和延时电路等。其中滤波电路、延时电路在制冷装置的电气控制系统中经常用到。

图 3-21 中各点的电压情况可扫描二维码 3-16 查看。

17. 风速检测电路

图 3-22 所示为风速检测电路控制原理图，本电路只有一个霍尔元件，并且被置入室内风机的内部，在电路板上是看不到的。霍尔元件是一个半导体薄片，随着风机的运转会产生脉冲信号并输出，且风机转速越快，脉冲频率越高。霍尔元件有三个管脚，分别接公共端、5V 电源以及输出端（去单片机 P71 脚）。脉冲信号被送入单片机后，由单片机内部程序判断室内风机当前的运转速度，并根据遥控指令进行速度调整。

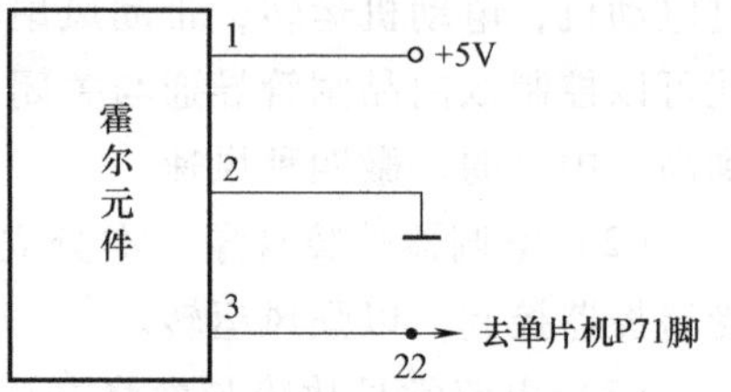

3-16 各点电压情况

（1）故障现象　霍尔元件损坏时，空调室内风机速度会变得很高或很低（本机霍尔元件损坏时，风机按高速旋转），有些机型转 3min 左右就停机保护。同时，霍尔元件损坏时，风机转速不受控制。

图 3-22　风速检测电路控制原理图

（2）电路检修技巧　霍尔元件工作正常时，1 脚与 2 脚之间有 10Ω 左右的电阻，输出脚 3 与 1 脚或 2 脚之间的电阻非常大。可以在通电运行的情况下用手转动室内风机轴，有电压输出，说明霍尔元件正常；否则说明霍尔元件损坏。用示波器测量输出脚 3，正常时应有脉冲信号。

图 3-22 中 22 点的波形图可扫描二维码 3-17 查看。

18. 3min 延时电路

图 3-23 所示为 3min 延时电路控制原理图，电路组成元件名称及作用：充电电阻 R115，起限流作用；放电电阻 R116，起限流作用；二极管 VD111，起隔离作用；极性电容 C118，起充放电作用。

3-17　22 点的波形图

（1）控制原理　上电时，+5V 直流电源经过充电电阻 R115 和正向二极管给电容充电，很快充至 5V 电压；当空调器断电停机之后，不到 3min 又开机时，由于在断电期间电容通过放电电阻 R116 放电的速度比较慢（因为放电电阻值比较大，为 2.2MΩ），3min 之内的放电不能将电容的电压降低到 1V 以下，故空调器拒绝开机，此时采用单片机计时 3min 以上，或单片机通过 27 脚采集到电容的电压降到 1V 以下时，才能开机。

此电路属于保护电路，用来保证制冷管道系统的压力平衡，使压缩机轻载起动，防止过载。

（2）空调器故障现象　无论两次开机的时间是否超过 3min，开机时空调器压缩机即刻运转，没有延时功能或延时时间不够。

（3）电路常见故障与检修方法　该电路常见故障是二极管或电容损坏。检修时分断电检测和通电检测两种情况：断电时用万用表电阻档，检测 47 点与 49 点、49 点与 GND（公共端）之间的电阻；

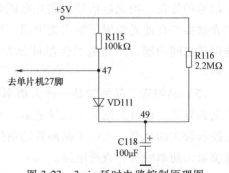

图 3-23　3min 延时电路控制原理图

通电的情况下，用万用表直流电压档测量 49 点与 GND 之间的电压，正常情况下的电压应大于 4.5V。

图 3-23 中 49 点的波形图可扫描二维码 3-18 查看。

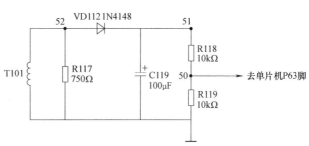

3-18　49 点的波形图

19. 压缩机过电流检测电路

图 3-24 所示为过电流检测电路控制原理图。电路组成元件名称及作用：T101 为电流互感器，感应压缩机的运行电流；负载电阻 R117 起分流作用；二极管 VD112 起整流作用；电容 C119 起滤波作用；电阻 R118、R119 起限流分压作用。

（1）控制原理　这是一个保护电路。电流互感器将压缩机的运行电流感应为信号电流，由电阻 R117 转变为信号电压，经过半波整流、电容滤波之后，再由 R119 分压后，送入单片机 P63 脚，单片机根据内部程序计算，判断压缩机（电流）是否过载，以便对空调器进行保护。

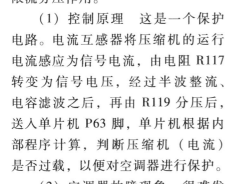

图 3-24　过电流检测电路控制原理图

（2）空调器故障现象　很难发现故障。因为即使本分立电路出现问题，起不到保护作用，但空调器照样运转，其过载保护转移至最后一道防线——压缩机过载保护器，变成压缩机过热保护了。

（3）电路常见故障与检修方法　主要故障是电容、二极管以及负载电阻损坏。这些故障检修方法已经学习过，这里不再赘述。

说明：压缩机过热保护时，空调器停机时间比过电流保护停机时间要长（30min 以上），如果总是出现过热保护，并且压缩机运行电容没有损坏，这时就要检测是否是因为过电流保护电路故障造成的。

图 3-24 中 50～52 点的波形图可扫描二维码 3-19 查看。

3-19　50～52 点的波形图

任务实施

步骤	实 施 内 容
1	检查示波器与万用表是否完好
2	按照每个分立电路找出所要测量的点
3	用示波器和万用表对测量点进行电信号测量
4	调节示波器的电压和周期，使电信号显示出来，并记录其波形
5	结合测量结果分析、理解电路原理及作用
6	设置故障后进行电信号检测，总结可能出现的故障及整机故障现象
7	对每一个分立电路重复以上操作

检测与评价

指出各组学生的训练过程表现、电路板故障检测完成情况以及完成任务的认真度，老师和活动组共同选出优胜组，填写表 3-3。

表 3-3　任务考核评分标准

组长：　　　　　　　组员：

序号	评价项目	具体内容	分值	小组自评（30%）	小组互评（30%）	老师评价（40%）	平均分
1	职业素养	细致和耐心的工作习惯 较强的逻辑思维、分析判断能力	5				
		吃苦耐劳、诚实守信的职业道德和团队合作精神	5				
		新知识、新技能的学习能力、信息获取能力和创新能力	5				
2	工具使用	正确使用万用表、示波器	15				
3	电量测量	电量测量正确，操作熟练	25				
4	各分立电路电控机理及作用分析	正确分析各分立电路电控机理	25				
5	故障诊断	通过电量测量，准确查出故障原因，并排除	20				
6		总计	100				

思考与练习

1. 结合家用空调器 KFR-35GW/EQF 电气控制系统综合故障诊断试验台（图 3-25），指出家用空调器微机控制系统外围电路的组成。

图 3-25　家用空调器 KFR-35GW/EQF 电气控制系统综合故障诊断试验台

2. 列出 KFR-35GW/EQF 控制电路中各分立电路的名称及其控制功能或作用。

3. 写出图 3-21 所示的分立电路中各电子元器件的名称和作用，分析整个分立电路的控制原理。

拓展任务　仿真空调电气控制系统搭建

任务描述

利用指示灯代替空调的各种电气执行机构，搭建一套仿真空调控制系统。要求从电气执行机构仿真运行的直观性、信号测量的方便性、线路布置的简洁易读性、功能的展示性等方面给出设计方案。

1）画出设计方案图。
2）对为了实现仿真功能而进行的部分线路改造进行说明。
3）电控系统的搭建。

所需工具、仪器及设备

空调电路板、接收板、遥控器、温度传感器、各类指示灯、连接线、起动电容、分压限流电阻等电气元件；接线图、控制原理图等技术图样；安装板、紧固件等耗材；电钻、螺钉旋具等工具。

知识目标

➢ 熟悉家用空调电气控制系统的控制功能和控制系统的组成。
➢ 熟悉整个空调的电气控制机理。

技能目标

➢ 会用万用表测电压、电阻。
➢ 能对室外机与室内机进行接线。
➢ 能对各类控制元件进行接线，实现相应的控制功能。

任务实施

步骤	实施内容
1	根据接线图及控制原理图，详细分析并写出该空调电气控制系统的控制机理
2	用 CAD 画出室内外接线图的合并图，将室内外机连接线画上
3	标识出电路板外围接线端子的作用
4	列出输入、输出信号的性质（强电/弱电、模拟/数字、作用）
5	按照图样对电气元件进行连接
6	通过遥控器遥控运行，检测各运行功能的实现情况
7	对空调仿真试验台不合理或不能实现的缺陷和设计失误进行调试与修改
8	测量并做表列出各输入、输出电信号的值
9	编制空调仿真运行试验台操作使用说明书

检测与评价

指出学生在训练过程中的表现及完成任务的认真度，老师和活动组共同选出优胜组，填写表 3-4。

表 3-4　任务考核评分标准

组长：　　　　　　组员：

序号	评价项目	具体内容	分值	小组自评（30%）	小组互评（30%）	老师评价（40%）	平均分
1	职业素养	细致和耐心的工作习惯 较强的逻辑思维、分析判断能力	5				
		吃苦耐劳、诚实守信的职业道德和团队合作精神	5				
		新知识、新技能的学习能力、信息获取能力和创新能力	5				
2	工具使用	正确使用电钻、电笔、螺钉旋具等工具	15				
3	室外机/室内机电气接线图	正确画出室外机/室内机电气接线图	20				
4	电气元件连接	正确连接电气元件	15				
5	操作使用说明书	正确编制操作使用说明书	15				
6	总结汇报	陈述清楚、流利	10				
		演示操作到位	10				
7		总计	100				

拓展知识　变频空调电气技术

一、变频技术概述

目前，随着微电子学、电力电子技术、微机控制技术的发展，交流变频技术采用电力晶体管的全数字控制 PWM 变频器已经到了通用化的程度。由于变频调速具有调速范围宽、调速精度高、动态响应快、运行效率高、功率因数高、操作方便等一系列优点，在电力拖动方面，交流调速传动已经上升为电气调速传动的主流。在制冷空调领域，变频空调、变频风机、变频冷水机组已经应用得越来越广泛。

然而，由于交流变频技术较复杂，变频器知识科技含量高，且技术资料不够完善，维修力量相对滞后，所以下面将重点介绍这方面的新技术、新元件、新知识以及变频技术在空调器中的应用。

日常生活用电和工业用电使用的都是恒压、恒频的交流电源，简称 CVCF（Constant Voltage Constant Frequency）。在空调器中，柜式空调器多采用三相交流电源，电源电压为

380V，频率为50Hz。一般分体式、窗式空调器采用单相电源，电压为220V，频率为50Hz。

变频调速则不同，它需要的是频率、电压都可改变的交流电源，频率范围控制在30～180Hz通频带范围内。该电源简称为VVVF（Variety Voltage Variety Frequency）。能够实现这种改变的装置就是变频器。变频器的核心器件是电力半导体开关器件。

这些开关器件具有功率大、耐压高、容量大、有自关断能力等特点。在电力半导体器件中，用得最多的为电力晶体管（也称GTR或BJT）和绝缘栅双极晶体管（1GBT），其次为电力场效应晶体管（MOSFET）和门极关断晶闸管（GTO）。

习惯上，常将以晶闸管为代表的电力电子器件称为第一代产品；以大功率电力晶体管和绝缘栅双极晶体管为代表的电力电子器件称为第二代产品；而以超大规模集成电路（VLSI）为代表的电力电子器件称为第三代产品。目前，可将电力电子器件和驱动电路、保护电路、检测电路甚至与微机的接口电路等都集中在一个模块内。因此，很多人称之为智能型功率模块。

各种功率器件的基本性能比较见表3-5。

表3-5 各种功率器件的基本性能比较

名称	文字符号	图形符号	控制方式	最高电压、电流及频率
双极型晶体管	BJT(GTR)		电流	最高电压 450～1400V 最大电流 30～800A 最高频率 10～50kHz
门极关断晶闸管	GTO		电流	最高电压 4500～6000V 最大电流 4000～6000A 最高频率 1～10kHz
绝缘栅双极晶体管	IGBT		电压	最高电压 1800～3300V 最大电流 800～1200A 最高频率 10～50kHz
集成门极换流晶闸管	IGCT		电压 （光控）	最高电压 4500～6000V 最大电流 4000～6000A 最高频率 20～50kHz
电力场效应晶体管	P-MOSFET		电压	最高电压 50～1000V 最大电流 100～200A 最高频率 500kHz～200MHz
静电感应晶体管	STT		电压	最高电压 50～1500V 最大电流 10～200A 最高频率 30～200MHz
双极型静电感应晶闸管	SITH		电压	最高电压 500～4500V 最大电流 400～2200A 最高频率 40～100kHz
MOS控制晶闸管	MCT		电压	最高电压 450～3000V 最大电流 400～1000A 最高频率 100kHz～1MHz

1. 正弦交流变频（SPWM）基本工作原理

异步电动机的变压变频调速控制系统——变频器在家用空调器中也称变频模块或功率模块。要学习变频器的工作原理，首先要从电机学基本原理开始。

2. 变频与变压依据

由电机学可知，三相异步电机定子每相感应电动势的有效值为

$$E_1 = 4.44 k_{r1} f_1 N_1 \Phi_M \tag{3-1}$$

忽略定子绕组的漏磁阻抗压降，可以认为

$$U \approx E_1 = 4.44 k_{r1} f_1 N_1 \Phi_M \tag{3-2}$$

式中　U——电源每相电压有效值；
　　　E_1——气隙磁通在定子每相中感应电动势的有效值，单位为 V；
　　　f_1——电源频率，单位为 Hz；
　　　N_1——定子每相绕组串联匝数；
　　　k_{r1}——与绕组结构有关的常数；
　　　Φ_M——每极气隙磁通量，单位为 Wb。

由式（3-2）可知，对于电动机设计来说，其设计参数 N_1、k_{r1}、Φ_M 是常数，所以改变电机转速最好的方法是调节频率。改变定子频率时，会出现下面两种情况。

(1) 基频以下调速　由式（3-2）可知，要保持 Φ_M 不变，当频率 f_1 从额定值 f_{1N} 向下调节时，必须同时降低 E_1，使 $E_1/f_1 =$ 常数，因 $V_1 \approx E_1$，即

$$\frac{V_1}{f_1} = 常数 \tag{3-3}$$

这是恒压/频比的控制方式。在此控制方式下改变频率调速时，其机械特性如图 3-26 所示，基本上是一组平行下移的曲线。这和他励直流变压调速的特性相似，所不同的是，当转矩增大到最大值（拐点）以后，特性曲线就折回来了。根据电机与拖动原理，在基频以下调速属于恒转矩调速（$T = k_{r1} \Phi_M I_2 \cos\psi_2$）。但低频时 E_1 较小，定子阻抗压降所占的分量比较显著，不能被忽略。这时，可以人为地把电压 V_1 抬高一些，以便近似地补偿定子压降。

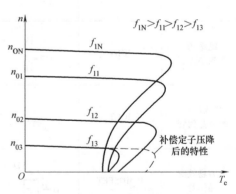

图 3-26　基频以下调速时的机械特性

(2) 基频以上调速　在基频以上调速时，频率可以从 f_{1N} 往上增高，但电压 V_1 却不能超过额定电压 V_{1N}，最多只能保持 $V_1 = V_{1N}$。由式（3-2）可知，这将迫使磁通随频率升高而降低，相当于直流电机弱磁升速的情况。

在基频 f_{1N} 以上变频调速时，其机械特性为一组平行上移的曲线，如图 3-27 所示。由于电压 $V_1 = V_{1N}$ 不变，基频以上变频调速属于弱磁恒功率调速。

把基频以下和基频以上两种情况合起来，可得图 3-28 所示的异步电动机变频调速控制特性。应该注意，以上所分析的机械特性都是正弦波电压供电的情况。如果电压源含有谐波，将使机械特性曲线扭曲变形，并增加电机的损耗。

在变频空调机中,变频压缩机交流电动机的调速采用的是恒转矩的调速方法,即在 $f_1 \leqslant f_{1N}$ 情况下的调速。经分析可得如下结论:变频装置必须在改变输出频率的同时改变输出电压的幅值,这称为变压变频调速方式。这是家用空调变频模块工作的最基本原理。

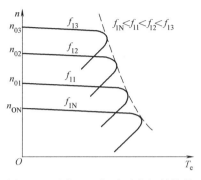

图 3-27 基频以上调速时的机械特性

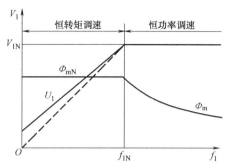

图 3-28 异步电动机变频调速控制特性

二、变频空调器的基本工作原理

图 3-29 所示为交流变频空调器变频逆变电路控制原理图,由电源保护电路、EMC 电磁抗干扰电路、继电器控制保护电路、整流桥堆、变频模块和逆变控制信号组成。专用微机芯片是空调器的控制核心,而变频器则是变频调速的关键部件。变频器由微机芯片输出数字信号控制。指令信息、温度信息、保护信息由外部输入微机后,微机经过分析判断,输出指令电平,通过变频器,控制压缩机的调速运行。如果初始室温与设定温差大,则采取高频率的运行方式;如果温差较小,则转向低速运行。利用变频控制,房间空调器在一年内基本上为轻载运行,减少了压缩机开停次数,减少了开关损耗,降低了噪声,并能以最短的时间达到制冷、制热的期望值。

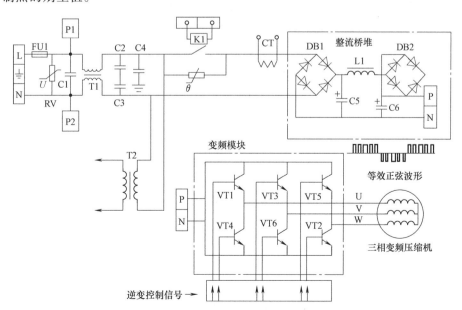

图 3-29 交流变频空调器变频逆变电路控制原理图

目前，一般变频空调器的频带宽度为 30~110Hz，超级变频器的频带宽度为 30~180Hz。其工作流程为：把 50Hz 的工频交流电源通过整流、滤波、稳压之后转变为高压直流电源，然后送到功率模块（逆变器），因为同时功率模块受微处理器送来的控制信号控制，通过控制 6 个（3 组）电力开关的开合，给每相绕组间断通直流电，可产生等幅不等宽的直流脉冲，这些脉冲直流电可等效为正弦交流电 SPWM（Sinewave Pulse Wide Modulation）。如图 3-30 所示，通过控制电力开关的占空比，可达到调节电压和频率的目的，使压缩机电动机的转速相应改变，从而调节制冷量或制热量。

图 3-30　VVVF 控制后的 SPWM 灯箱正弦波形
a) 电压高、频率高　b) 电压低、频率低

说明：直流变频空调器同样是先将 50Hz 交流工频电源转换为直流电源，并送至功率模块主电路进行逆变，功率模块也同样受微机控制，所不同的是压缩机使用的是永磁无刷直流电动机，并且使用两种调速方式，即变频调速或变压调速或二者结合进行调速，故有时称之为直流变频调速也是没错的。

变频空调器的节流采用电子膨胀阀，空调器的室外机组在膨胀阀进出口、压缩机吸气管等多处设有温度传感器，并将其采样信息输送至室外机组微机控制器。微机经过分析判断，可以及时控制阀门的开启度，随时改变制冷剂的流量，使压缩机的转速与膨胀阀的开度相适应，使压缩机的输送量与通过阀的供液量相适应，使蒸发器的能力得到最大程度的发挥。此外，采用电子膨胀阀作为节流元件，可以做到制热时除霜不停机。空调器利用压缩机排气的热量先向室内供热，余下的热量输送到室外，将换热器翅片上的霜融化。

一些变频空调器上装有功率显示器，频率或功率的变化可通过点亮的指示灯或液晶显示色块的增减显示出来。

三、变频空调器与普通空调器的区别

传统的空调器是按照最大热负荷来选配的，并使系统在设计工况下有尽可能高的能效比。而实际系统的环境温度、热负荷都在不断变化，为了使空调系统的制冷量（或制热量）与冷（热）负荷相匹配，系统原来都采用开停方式进行调节。这种调节方式不仅使房间的温度波动较大，舒适性降低，而且系统的效率降低。近年来随着人们对空调认识的不断深入，对空调的要求也不断提高，空调系统在控制目标、实施方法和控制策略上都有很大的变化。

目前，变频空调器因节能、对电网冲击小以及良好的调节性能，已成为家用空调的发展方向之一。

1. 变频空调器的特点

（1）起动后可快速达到设定温度　变频空调器起动时频率较低，压缩机转速较慢，当压缩机起动后可利用较高的频率使其转速增加，这在增大制冷量/制热量的同时缩短了室内温度不舒适的时间。

（2）室内温度变化小而稳定，且相对省电　普通空调器是利用温控器对压缩机进行开/停控制的，制冷量调节是通过改变室内风机转速实现的，而压缩机转速并没有变化，因此电功率并没有降低多少。而变频空调器制冷量/制热量小，可以靠压缩机转速降低实现，所以避免了定频空调的频繁开停压缩机和能效比下降所带来的功耗增加。当室内温度达到设定温度后，压缩机将保持这一转速，使室内温度稳定保持在设定范围内。

（3）变频空调高速运转时噪声很大，但在中、低速平稳运行后振动和噪声小　避免了频繁的开停机现象，所以不会产生开关的动作声，以及压缩机起停机时发出的气流声和振动声。

（4）空调器制热效果有较大增强　普通空调器排气量以制冷设计为主。对于热泵空调器，如设计制冷量大，就会影响其制热能力，而变频空调器可通过提高压缩机转速来增加制热效果。

（5）具有较强的除湿功能　变频空调器可通过压缩机转速和合理循环风量除湿，达到耗电少而不会改变室温的除湿效果。

（6）起动时对电网干扰小　由于变频空调器以低频率的方式起动，随后再逐渐提高运转频率，所以空调器在起动时电流小。另外，压缩机大部分时间运转在低频率状态，这样压缩机的机械磨损减小，使用寿命延长，可靠性提高。

变频空调器的主要缺点是：低电压运行时，达不到最大制冷与制热量，压缩机高频运转时噪声较大；电器元件较多，检修难度大，且价格较普通空调器高。

2. 变频空调器与普通空调器的区别

（1）变频空调器与普通空调器在制冷系统中的区别

1）普通空调器制冷量是通过改变室内风机转速或开停压缩机调节的，而变频空调器制冷量是通过改变压缩机转速实现的。

2）变频空调器制冷系统可分为两种：一种采用毛细管节流，与普通空调器的制冷系统完全相同，缺点是制冷、制热量调节范围小；另一种采用电子膨胀阀节流，制冷量调节范围比较宽，起动性能好，利用电磁旁通阀或电子膨胀阀还可实现不停机除霜。

3）变频空调器与普通空调器的压缩机不同，普通压缩机供电频率是固定的，且单相压缩机都有起动电容，而变频压缩机都是三相结构，所以无起动电容，且机械结构也不尽相同，特别加强了散热，并进行了防止磁饱和设计。

（2）变频空调器与普通空调器在电控方面的区别　变频空调器在室内和室外各有一套微机主控电路板。下面分别介绍其室内、外控制电路的特点。

1）室内电路控制部分。变频空调器室内控制电路与普通微机分体空调器室内控制电路差别不大，由接收电路、温控电路、电源电路、单片机外围电路等组成。其主要区别在通信电路。变频空调器室内外信号通常采用串行通信方式，信息传输量较大，而不像大多数普通空调器通信电路，采用直流和交流电压直接控制。

2）室外电路控制部分。普通空调器一般分体机室外没有控制电路板，变频空调器室外

增加了电源板、主控板和功率模块,其控制电路部分与普通柜式空调器室外控制电路部分区别很大,不同之处主要有:

① 室外增加了功率模块,整个电路由整流器、滤波器、功率模块组成。变频空调器室外变频器将交流 220V 或 380V 电压经桥式整流后,供给变频分相电路,然后输出随频率变化的等效三相交流电压给压缩机。

② 室外增加了主控板。变频空调器在室外增加了主控板,将室内外管温信号经过单片机进行分析、判断后,去控制电子膨胀阀,同时使输入压缩机的频率电压随室内温度变化。由于主控板使用 DSP 或具有强大逻辑运算功能的微处理器(单片机),所以外围电路相应比一般定频空调器简单。

③ 室外增加了温度检测点。由于变频空调器采用了电子膨胀阀控制系统的供液量,所以电子膨胀阀开启度须根据压缩机回气管温度和排气管温度进行控制,为此增加了温度检测点,在检修时务必加以注意。

④ 交流变频空调器在逆变过程中会产生很大的谐波分量,干扰电网,并同时产生 EMC 电磁干扰,影响周边的其他电气控制设备,所以必须采取措施加以消除。

⑤ 除霜控制方式。由于变频空调器采用了电子膨胀阀取代毛细管节流,在制热除霜时,控制系统使电子膨胀阀打开到最大,使之直通不节流,因此空调器在制热状态下完成除霜,室内机始终处于制热状态。普通空调器除霜时要转换回制冷状态,使冷量重新聚集到室内侧,制热效果较差,并且给人不舒适的感觉。

四、变频模块通用检测方法

检测变频器正常与否一般采用以下几种方法。

(1) 测量绝缘电阻　测量变频器绝缘电阻时应将电源和电动机连线断开,然后将所有输入端和输出端连接起来,再用万用表 R×10k 档测量是否漏电。

(2) 测量运转电流　由于变频器输入和输出电流都含有各种高次谐波成分,故测量电流时需选用电磁式仪表,因为电磁式仪表所指示的是电流的有效值。

(3) 测量主电路波形　用示波器测主电路电压和电流波形时必须使用高压探头,如使用低压探头,须用互感器或其他隔离器件进行隔离。

(4) 测量整流器与逆变器　如图 3-31 所示,断开逆变器输入输出端,测量逆变器直流

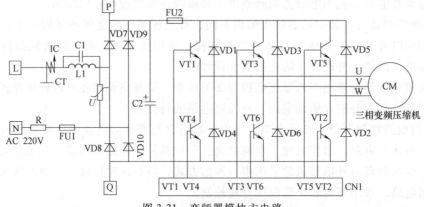

图 3-31　变频器模块主电路

电阻值是否正常。变频器的电阻测量状态见表 3-6。

注意：变频模块上有 5 个单独的插头，上面分别标注有 P、N、U、V、W，P 与 N 分别接直流电源正极与负极，U、V、W 接压缩机三相绕组。当变频模块 5 个插头与外电路不连接时，测量 U、V、W 相互之间的电阻应为无穷大，如测量阻值很小，说明其内部击穿。测量 P 与 U、V、W 之间的电阻，正、反向阻值分别为 40kΩ 与无穷大。测量 N 与 U、V、W 之间的电阻，正、反向阻值分别为无穷大与 40kΩ。如测量结果与此不同，说明变频模块损坏。

表 3-6　变频器的电阻测量状态

整流器件	VD7		VD8		VD9		VD10	
黑表笔位置	L	P	Q	L	N	P	Q	N
红表笔位置	P	L	L	Q	P	N	N	Q
正常状态	通	不通	通	不通	通	不通	通	不通
逆变组件	VT1		VT2		VT3		VT4		VT5		VT6	
黑表笔位置	U	P	Q	W	V	P	Q	U	W	P	Q	V
红表笔位置	P	U	W	Q	P	V	U	Q	P	W	V	Q
正常状态	通	不通	通	不通	通	不通	通	不通	通	不通	通	不通

素养提升

全直流变频技术——以科技缔造健康舒适家居体验

随着"碳达峰、碳中和"双碳目标的提出，节能减排成为我国工业制造中首先要考虑的问题，而制冷行业也积极采用新技术，以实现更低的能耗，全直流变频技术就是其中之一。

美的公司推出的全直流变频家用中央空调采用全直流变频技术，节能高达 20%，除了降低"使用旺季"的能耗，全直流变频家用中央空调还非常重视产品在极端环境下的稳定运行。经测试，全直流变频家用中央空调即使在 55℃ 的高温环境下，也能稳定可靠运转，时刻为用户缔造清凉环境。此外，还采用了全直流变频内机，进一步降低了运行噪音，将运行声音降至 22dB。

以科技缔造高品质生活，以创新助力"双碳"目标的实现！

参 考 文 献

［1］ 杨国祥，杨永生. 空调器微电脑电路检修与图册［M］. 西安：西安电子科技大学出版社，2000.
［2］ 郑兆志. 制冷装置电气控制系统原理与检修［M］. 北京：人民邮电出版社，2008.
［3］ 郑兆志. 空调设备电气控制系统图解与检修［M］. 北京：高等教育出版社，2010.
［4］ 曹荣昌，黄娟. 方波、正弦波无刷直流电机及永磁同步电机结构、性能分析［J］. 电机技术，2003（1）：3-6.
［5］ 张国东. 图解空调器电气控制系统维修［M］. 北京：化学工业出版社，2012.
［6］ 曾毅，王效良，吴皓，等. 变频调速控制系统的设计与维护［M］. 2版. 济南：山东科学技术出版社，2004.
［7］ 冯梅. 空调机电路解说及检修［M］. 北京：人民邮电出版社，1999.
［8］ 陈梓城. 电子技术实训［M］. 2版. 北京：机械工业出版社，2009.
［9］ 张福学. 传感器应用及电路精度［M］. 北京：电子工业出版社，1991.

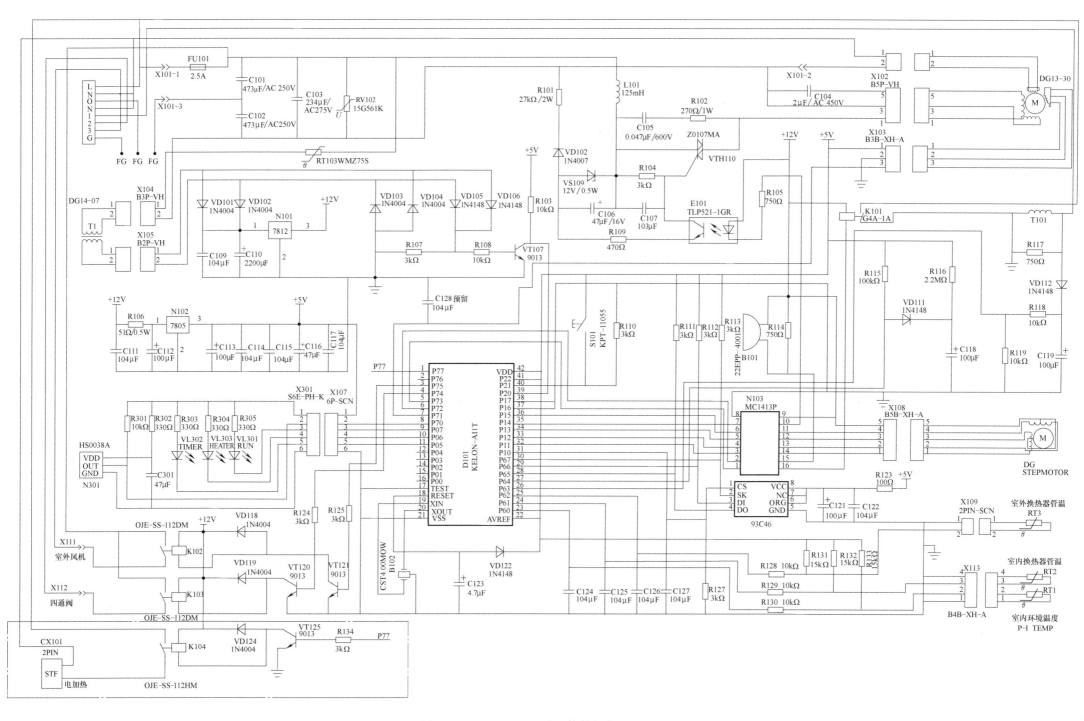

图 3-4 KFR-35GW/EQF 微机控制电路板原理图